21世纪高等学校计算机规划教材

21st Century University Planned Textbooks of Computer Science

大学计算机基础

Fudamental of College Computer

徐棣 李莉 主编

杨玲 任灵平 副主编

高校系列

人民邮电出版社

北 京

图书在版编目（CIP）数据

大学计算机基础 / 徐棣，李莉主编. -- 北京：人民邮电出版社，2015.9（2020.7重印）
21世纪高等学校计算机规划教材
ISBN 978-7-115-25910-3

Ⅰ．①大… Ⅱ．①徐… ②李… Ⅲ．①电子计算机－高等学校－教材 Ⅳ．①TP3

中国版本图书馆CIP数据核字(2015)第185408号

内 容 提 要

本书以 Windows 7 和 Microsoft Office 2010 为平台，主要内容分为 8 章。内容包括计算机系统概述、Windows 7 操作系统、办公自动化软件（包括 Word 2010、Excel 2010 和 PowerPoint 2010）、计算机网络、多媒体技术的应用和信息安全等知识。

本书结构清晰，内容通俗易懂，注重实用，可操作性强。

本书可作为普通高等院校计算机应用基础课程的教材，也可供初学者自学使用。

◆ 主　　编　徐　棣　李　莉
　　副主编　杨　玲　任灵平
　　责任编辑　刘盛平
　　执行编辑　刘　佳
　　责任印制　杨林杰

◆ 人民邮电出版社出版发行　　北京市丰台区成寿寺路 11 号
　　邮编 100164　　电子邮件 315@ptpress.com.cn
　　网址 http://www.ptpress.com.cn
　　固安县铭成印刷有限公司印刷

◆ 开本：787×1092　1/16
　　印张：13.25　　　　　　　2015 年 9 月第 1 版
　　字数：336 千字　　　　　 2020 年 7 月河北第 7 次印刷

定价：34.00 元

读者服务热线：(010)81055256　印装质量热线：(010)81055316
反盗版热线：(010)81055315

前　言　Preface

　　随着计算机技术和网络技术发展，其应用涉及到社会各个领域，并影响着我们的日常生活、学习和工作。信息的获取、分析、处理、发布、应用能力已经成为现代人们的必要技能之一。因此，作为高校面向非计算机专业的公共基础课程，加强计算机基础教育，使学生获得计算机方面的技能，是一项紧迫和重要的任务。本书正是为适应计算机技术的飞速发展和满足高等教育的教学需求而编写的。

　　高等院校的计算机应用基础课程是学习其他计算机相关技术课程的前导和基础。本书根据教育部关于大学计算机应用基础课程的基本要求，以掌握计算机基础知识和培养计算机应用的基本能力为重点，介绍最前沿的知识和最新的应用技术。本书的内容注重实践技能和理论知识结合，注重实用性和可操作性。

　　本书以 Windows 7 和 Microsoft Office 2010 为平台，主要内容分为 8 章：第 1 章计算机系统概述；第 2 章 Windows 7 操作系统，介绍操作系统的基本知识及 Windows 7 基本操作；第 3～5 章是办公自动化软件，包括 Word 2010、Excel 2010 和 PowerPoint 2010 的使用；第 6 章计算机网络，介绍网络基础知识、Internet 的各种应用等；第 7 章多媒体技术的应用，介绍多媒体概念、多媒体计算机组成、常用多媒体处理软件等；第 8 章信息安全，介绍信息安全基本概念，病毒概念、防火墙技术等相关知识。

　　参加本书编写的人员是多年从事高等职业教育的一线教师，具有较为丰富的教学经验。本书及配套实训教程由徐棣、李莉主编，参加编写的教师有张志强、杨玲、任灵平、刘云、蔺媛媛、李立宗（排名不分先后）。

　　由于本书涉及的知识面较广，要将众多的知识很好地贯串起来，书中难度较大，难免有疏漏之处。为了便于以后修订，恳请广大读者多提宝贵意见。

编　者

2015 年 6 月

目 录 CONTENTS

第 7 章 多媒体技术的应用 169

第 8 章 信息安全 191

参考文献 204

PART 1

第 1 章
计算机系统概述

1.1　计算机概论

　　电子计算机是 20 世纪 40 年代人类最伟大的科学技术发明之一。其硬件系统和软件系统不断升级换代，并且以飞快的速度发展。计算机技术在各行各业的广泛应用，极大地促进了信息化社会的发展，并成为人们工作中不可缺少的工具。对计算机基本知识的掌握程度和使用计算机的熟练程度也是衡量一个人是否具有有效学习和工作的基本技能之一。

1.1.1　计算机的发展

　　随着社会和科学技术的不断发展和进步，计算工具也从简单发展到了复杂、从低级发展到了高级。例如，绳结、算筹、算盘、计算尺、机械计算机、电动机械计算机等。这些计算工具孕育了电子计算机的雏形。

　　1944 年 7 月，美籍匈牙利科学家冯·诺依曼博士（见图1-1）在莫尔电气工程学院参观了正在组装的一台电子计算机。这台计算机不能存储程序，只能存储 20 个字长为 10 位的十进制数。此后，他开始构思一个更完整的计算机体系方案。

　　1946 年，冯·诺依曼撰写了一份《关于电子计算机逻辑结构初探》的报告。该报告总结了莫尔电气工程学院小组的设计思想，描述了新机器的逻辑系统和结构，并首先提出了在电子计算机中存储程序的全新概念，奠定了存储程序式计算机的理论基础，确立了现代计算机的基本结构，该结构被称为冯·诺依曼体系结构。这份报告是人类计算机发展史上的一个里程碑。

图 1-1　冯·诺依曼博士

　　1946 年，根据冯·诺依曼提出的改进方案，科学家们研制出世界上第一台数字电子计算机，取名为 ENIAC（埃尼阿克），如图 1-2 所示。ENIAC 是英文 Electronic Numerical Integrator And Calculator（电子数字积分计算机）的缩写。这台计算机主要是为解决弹道计算问题而研制，其主要研制人是莫尔电气工程学院的 J.W.Mauchly（莫奇莱）和 J.P.Eckert（埃克特）。ENIAC 使用了 18000 多个电子管，10000 多个电容器，70000 多个电阻，1500 多个继电器，功率为 150kW，重量达 30t，占地面积约为 170m²。它的加法运算速度为每秒 5000 次。ENIAC 计算机的问世，宣告了电子计算机时代的到来。

　　从 1946 年世界上第一台数字电子计算机 ENIAC 诞生到现在已有 60 多年的历史了。这期间，计算机的系统结构不断变化，应用领域不断拓宽，为世界经济的发展做出了积极的贡献。根据计算机所采用的电子元器件的不同，将计算机的发展划分为 4 代，即电子管、晶体管、中小规模集成电路和大规模/超大规模集成电路。

第一代计算机是电子管计算机（1946—1958 年）。这一代的计算机采用电子管作为主要元器件，如图 1-3 所示。此时的计算机体积庞大、成本高、能量消耗大，而且运算速度低，每秒只能达到几千次到几万次。计算机的存储部件主要采用磁鼓。在此期间，软件方面仅仅初步确定了程序设计的概念，但尚无系统软件可言。软件主要使用机器语言，用户必须采用二进制编码的机器语言编写程序，其应用领域仅限于科学计算。

图 1-2　ENIAC 计算机

图 1-3　电子管

第二代计算机是晶体管计算机（1959—1964 年）。这一代的计算机采用晶体管作为主要元器件，如图 1-4 所示。在此期间，计算机的可靠性和运算速度均得到提高，运算速度一般为每秒几十万次到几百万次。在存储部件中，内存采用磁心，外存采用磁盘和磁带。与第一代计算机相比，这一代的计算机体积减小，成本降低。在这个阶段，出现了高级程序设计语言。这类语言主要使用英文字母及人们熟悉的数字符号，接近于自然语言，使用者能够方便地编写程序。第二代计算机不仅在军事与尖端技术方面得到了广泛应用，而且在数据处理、事务管理和工业控制等方面也得到了广泛应用。

第三代计算机是中小规模集成电路计算机（1965—1971 年）。这一代的计算机采用了小规模和中规模集成电路，如图 1-5 所示。由于采用了集成电路，计算机的体积大大缩小，成本进一步降低，耗电量更省，可靠性更高，功能更加强大。计算机的运算速度已达到每秒几十万次至几百万次。在存储设备中，内存采用半导体存储器，存储容量与存取速度大幅度增加。在软件方面，出现了多种高级语言，并开始使用操作系统，使计算机的管理和使用更加方便。这一代计算机广泛应用于科学计算、文字处理、自动控制与信息管理等方面。

图 1-4　晶体管

图 1-5　集成电路

第四代计算机是大规模/超大规模集成电路计算机（从 1971 年至今）。计算机开始全面采用大规模集成电路（见图 1-6）和超大规模集成电路。在存储设备中，用于内存的半导体存储器集成度越来越高，外部存储器还采用了光盘、移动存储等。计算机的存储容量、运算速度和功能都有了极大提高。在现阶段，计算机向着巨型和微型两极发展。微型计算机（微机）的出现使计算机的应用进入了突飞猛进的发展时期，特别是微机与多媒体技术、网络技术的结合，将计算机的生产和应用推向了新的高潮。

图 1-6　大规模集成电路

1.1.2　计算机的特点与分类

1. 计算机的特点

由于计算机能进行高速运算，具有超强的记忆（存储）功能和灵敏准确的判断能力，具有独到的特点，因此在人类社会的各个领域广泛应用。

（1）运算速度快

计算机的运算速度是指计算机每秒完成基本加法指令的数目，表示计算机的运行速度，它是计算机性能的重要指标之一。20 世纪 90 年代初达到每秒 1 万亿次，目前已达到每秒百亿次，其工作效率有了极大提高。

（2）计算精度高

计算机内部采用二进制数进行运算，可以满足各种计算精度的要求。例如，利用计算机可以精确计算出 π 值小数点后的 200 万位。

（3）存储容量大

计算机中的存储器类似于人的大脑，可以存储大量的数据和信息。随着计算机的广泛应用，要求计算机具备海量的存储能力。目前的微型计算机具有大容量的主存储器、海量存储能力的硬盘、光盘及移动存储设备等。

（4）具有逻辑判断能力

计算机既能进行算术运算又能进行逻辑运算，不仅可以对文字、符号进行判断和比较，还可以进行逻辑和推理证明，这是任何其他工具无法相比的。

（5）具有自动运行能力

计算机不但能够存储数据，而且还能够存储程序。人们将事先编写好的程序存储到计算机里，一旦向计算机发出运行指令，计算机就能自动地按照程序中指定的步骤完成任务，在运行过程中一般不需要人工操作。若需要人工干预，计算机也可实现人机交互。

（6）通用性

人们在日常工作和生活中可随时使用计算机，并将它应用于各个不同的领域，而不需要知道计算机内部的结构和工作原理，只需执行能够完成各种任务的相应程序即可。

2. 计算机的分类

目前，计算机技术得到了飞速发展，计算机种类繁多，按照计算机规模、处理对象和用途等可进行如下分类。

（1）按处理的对象分类

按计算机处理的对象分类，计算机可以分为模拟计算机、数字计算机和数字模拟计算机。

① 模拟计算机：计算机输入、输出、存储和处理的数据都是模拟信息，这些数据在时间上是连续的。

② 数字计算机：计算机输入、输出、存储和处理的数据都是数字信息，这些数据在时间上是离散的。目前，人们通常所使用的计算机大都是数字计算机。一般来说，数字计算机比模拟计算机精确。

③ 数字模拟计算机：它将数字技术和模拟技术相结合，集模拟计算机和数字计算机的优点于一身。

（2）按规模分类

按计算机的规模分类，计算机可以分为巨型计算机、小巨型计算机、大型计算机、小型计算机、微型计算机和工作站6类，这也是国际上常用的一种分类方法。

① 巨型计算机：指的是运算速度每秒超过1亿次的超大型计算机，是目前功能最强，速度最快，性能最好的计算机。

② 小巨型计算机：指的是体积较小、运算速度较快的计算机。

③ 大型计算机：指的是运算速度较高、容量大、通用性好的计算机。

④ 小型计算机：其运算速度和容量都略低于大型计算机。

⑤ 微型计算机：又叫个人计算机，使用大规模集成电路芯片制作微处理器、存储器和接口，并配置相应的软件，从而构成一个完整的系统。最主要的特点是体积小、价格便宜、使用方便且灵活。目前人们常说的"笔记本"就属于微型计算机。

⑥ 工作站：为了某种特殊用途，将高性能的微型计算机系统配备专用的软件和大屏幕显示器，我们把这种计算机称为工作站。它与功能较强的高档微型计算机相比没有明显的差别。

（3）按用途分类

按计算机的用途分类，计算机可以分为通用计算机和专用计算机。

① 通用计算机：具有广泛的用途和使用范围，主要应用于科学计算、数据处理和过程控制等。人们通常所说的计算机均为通用计算机。

② 专用计算机：为适应某一特殊的应用而设计的计算机，例如，智能仪表、飞机的自动驾驶仪等。

1.1.3 微型计算机发展的几个阶段

随着计算机技术和大规模集成电路技术的发展，人们将计算机的控制器和运算器集成在了一个芯片中，称为微处理器，如图1-7所示。

1971年，Intel公司发明了微处理器4004，它一次可以处理4位二进制数据，由此开创了微型计算机时代。其后，Intel公司陆续推出了8位的8080及16位的8086和8088。

1980年，IBM公司将8088芯片作为微型计算机（以下简称微机）的处理器，并将生产的微机命名为PC。从此，与PC一起发展的微软公司、Intel公司在计算机软件和硬件方面成为与IBM公司分庭抗礼的行业三巨头。

从20世纪90年代中期开始，以微处理器为核心组成的微机有了突飞猛进的发展。现代微机的功能已远远超过过去的大型计算机。

微机的发展经历了以微处理器位数为主要标志的8代

图1-7　微处理器

产品的更新换代。

① 第一代微机：4 位微机。

② 第二代微机：IBM PC、PC 兼容机。

③ 第三代微机：16 位微机、286 机。

④ 第四代微机：32 位微机、386 机。

⑤ 第五代微机：486 机。

⑥ 第六代微机：Pentium（奔腾）。

⑦ 第七代微机：Pentium Ⅱ，Pentium Ⅲ，Pentium 4。

⑧ 第八代微机：64 位双核处理器、多核处理器构成的 64 位微机。

当前，微机的标志是运算部件和控制部件集成在一起，今后将逐步发展到对存储器、通道处理机和高速运算部件的集成，最终达到微机系统的集成。

1.1.4 计算机的发展趋势

随着微电子技术和超大规模集成电路技术的发展，计算机的系统结构也在不断地变化。计算机将是半导体、超导、仿生和光学等技术相互结合的产物，并向着巨型化、微型化、网络化、智能化和多媒体化的方向发展。

1. 巨型化

巨型化是指速度快、存储量大和功能强的巨型计算机，可用于分子生物学建模、全球气候变化与风暴流模拟、材料模型研究、石油地震资料处理、核能开发利用、基因与蛋白分析等领域，能够解决尖端科学研究和战略武器研制中的复杂计算问题，以及大型工程中的"虚拟设计"问题，从而满足国防建设和尖端科技的需要。目前，世界经济强国都十分重视超级计算机的研究和开发，并将此作为国家综合科技实力的象征。

2. 微型化

微型化是指体积小、价格低、使用方便和功能齐全的微型计算机，微型化可使计算机的体积、重量、价格进一步降低，更接近人们的日常生活，从而获得更加广泛的应用。

在微型化的基础上，嵌入式系统是近年来计算机技术发展的一个重要方向。嵌入式系统是指嵌入于各种仪器设备、家用电器、手机和各类军用、民用产品内部的计算机系统。嵌入式系统由嵌入式硬件与嵌入式软件组成，软件一般固化在存储芯片中。其体积小、结构紧凑，智能化程度和性价比较高，可作为一个部件隐藏于所控制的装置中，主要用于信号控制。

3. 网络化

通过无处不在的网络将各种各样的数字化设备，包括计算机、手机、家用电器（冰箱、空调、微波炉）、私家车等连接在一起，实现无处不在的计算与控制。

网络化发展的一个重要方向是网格计算（Grid Computing）。网格计算利用互联网把分布在不同地理位置上的计算机组织成一个"虚拟超级计算机"，每一台加入其中参与计算的计算机就是一个"节点"，整个计算由成千上万个"节点"组成的一张"网"共同完成。由"网格"方式组织的"虚拟超级计算机"有两个显著优势：一是数据处理能力超强，二是能够充分利用网上设备的闲置计算能力。通过网格技术，不仅可以实现计算资源的共享，而且可以实现数据资源和知识资源的共享。其最终目标是使人们可以像使用水和电资源一样，随时随地、一拧就有、即插即用，十分方便地获得所需的信息资源和计算能力。

4. 智能化

利用计算机模拟人的思维过程，并通过计算机程序加以实现，使计算机高度智能化一直是计算机科学和技术发展的目标之一。智能化的研究包括模式识别、情感计算、自然语言的理解和机器翻译、博弈、定理自动证明、自动程序设计、专家系统、机器学习和智能机器人技术等。将这些研究成果与实际应用相结合，可以显著地提高应用系统的功能和性能，改善应用系统的可用性。

5. 多媒体化

所谓多媒体信息是指文本、视频、图像、图形、音频等形态的信息。多媒体技术利用计算机和通信技术传播、储存、处理和重现多媒体信息，使信息系统与人之间的交互界面友好、自然、和谐和高效。它已使信息处理的对象和内容发生了深刻变化。

6. 未来计算机

未来计算机（Future Generation Computer），又称新一代计算机（New Generation Computer）。这是一个笼统的概念，因为未来计算机到底是什么样的，并无定论，只是泛指与当前计算机相比具有革命性变化的下一代计算机。未来计算机的研究还有以下一些方向：以光子代替电子，以光运算代替电运算，以光缆互连代替导线互连，以光器件代替电子器件的光计算机；利用粒子的量子力学状态表示信息，实现量子运算的量子计算机；利用DNA存储信息，通过DNA的生物化学反应实现计算的生物计算机；利用纳米技术制造的芯片构成的纳米计算机等。

1.1.5 计算机的主要应用领域

1. 科学计算

科学计算主要解决的是人类在科学研究和工程技术中所提出的一些复杂的数学问题，如天气预报、石油勘探、大型工程设计等。此外，对于那些需要进行大量试验才能进行的计算和验证，人们完全可以把它移植到具有强大计算能力的计算机系统中，从而在最短的时间内通过仿真试验得出仿真计算的结果。由于仿真计算不需要进行真实的试验，因此大大减少了对环境的污染和物质损耗，同时试验周期也明显地缩短了。当前，我国许多大学和科研院所都有仿真实验室，可以用最小的投入获取最大的科研成果。

2. 信息处理

信息处理主要是指通过计算机对数值、文字、声音、图形和图像等各种形式的信息进行收集、存储、分析、传送和处理的过程。人们在日常生活和工作中，需要与各种各样的信息打交道。例如，每天需要处理大量的文件，制作各类报表等。这样的工作日积月累，非常烦琐，并且容易出错。计算机系统则能很好地帮助人们高效而快捷地完成此类任务。

管理信息系统（Management Information System，MIS）是目前应用最广泛的计算机应用系统。它以数据库为基础，将人们日常处理的各类管理信息存入数据库，提供方便的查询、统计功能，以及增、删、改等操作，并自动生成各类统计报表，极大地提高了工作效率和管理水平。各单位使用的财务管理系统、人事管理系统、仓库管理系统、销售管理系统、客户管理系统、学生成绩管理系统、图书管理系统、银行储蓄业务系统、民航订票系统、办公自动化系统及各类ERP（Enterprise Resource Planning，企业资源规划）系统等，都属于信息处理的范畴。

3. 自动控制

计算机具有很强的逻辑判断能力，可广泛地应用于自动控制领域。随着计算机的体积越来越小，处理速度越来越快，其应用范围日益扩大，目前已被广泛应用于钢铁、石油、化工、电力、医药、机械制造等工业企业的生产过程控制中，极大地提高了控制的实时性和准确性，提高了生产效率和产品质量。许多企业都配备了自动生产线，甚至出现了无人车间，其生产过程完全由计算机自动控制完成。

现代信息化战争的核心基础是由计算机自动控制的各式各样的先进的武器系统。导弹、飞机、人造卫星和宇宙飞船等飞行器都离不开计算机。计算机自动控制在军事和航空航天事业中起到了关键性的作用。近年来快速发展的嵌入式系统，也被广泛应用于机械和电子产品中。例如，在高级轿车内的所有传感器都被接入车载计算机系统，系统会根据这些信息来确定是否采取某些措施（如打开 ABS）来保证行车安全，并且所有这些操作均可在非常短的时间内完成。不仅如此，车载计算机系统还能够对车内的空调设备、影音设备和通信设备进行智能控制，以便为乘客提供一个舒适的环境。

4. 计算机辅助系统

计算机辅助系统主要包括计算机辅助设计、计算机辅助制造、计算机辅助工程和计算机辅助教学等。

计算机辅助设计简称为 CAD（Computer Aided Design），是指在设计过程中利用计算机作为工具，帮助工程师实现最佳化设计的判定和处理，并将设计方案自动转变成生产图纸，极大地缩短了新产品的研制周期，提高了自动化的程度和设计质量。计算机辅助设计包括概念设计、优化设计、有限元分析、计算机仿真、计算机辅助绘图、计算机辅助设计过程管理等。一个好的计算机辅助设计系统不仅能充分发挥人的创造性，而且还能充分利用计算机的高速分析计算能力，达到人和计算机的最佳结合。

计算机辅助制造简称为 CAM（Computer Aided Manufacturing）。CAM 的狭义概念是指从产品设计到加工制造之间的生产准备活动，它包括计算机辅助工艺规划（Computer Aided Process Planning，CAPP）、数控（Numerical Control，NC）编程、工时定额的计算、生产计划的制订、资源需求计划的制订等。而今，CAM 俨然是 NC 编程的同义词，CAPP 作为一个专门的子系统使用，其工时定额的计算、生产计划的制订、资源需求计划的制订则由企业管理软件来完成。CAM 的广义概念包括的内容很多，除了上述 CAM 狭义概念所包含的内容外，它还包括制造活动中与物流有关的所有加工、装配、检验、存储和输送等过程的监视、控制和管理。

计算机辅助工程简称为 CAE（Computer Aided Engineering），是指包括产品设计、工程分析、数据管理、试验、仿真和制造在内的计算机辅助设计和生产的综合系统。一般来说，一项工程在正式实施之前，都要对设计方案进行精确试验、分析和论证，并对施工过程进行全方位的管理和监测。当前 CAE 技术的功能主要有产品的建模、工程分析与仿真。

计算机集成制造系统简称为 CIMS（Computer Integrated Manufacturing System），是目前我们国家非常重视的一项技术。它与上述 CAM 的主要不同之处是强调集成，对制造企业内的信息流、物流、能量流和人员活动进行统一协调，将接受订单、产品设计、生产制造、入库销售及经营管理的全过程集成一体，形成高效的现代企业生产模式。

计算机辅助教学简称为 CAI（Computer Aided Instruction），是利用计算机辅助教师进行教学的一种现代化的教学技术，目前越来越受到人们的重视。CAI 不仅能呈现单纯的文字、数字等字符教学信息，而且还能输出动画、图像、音频和视频等，使教学能够图、文、声并茂。这种多维的、立体的教育信息的传播，增强了信息的真实感和表现力，改善了教学效果。另外，将计算机作为教学媒体，学生可通过输入和输出设备，以人机"对话"的方式进行学习。这种人机交互作用是 CAI 所特有的，也是幻灯、电视等单向电教媒体所无法比拟的。

5. 人工智能

人工智能多年以来一直是计算机科学的重要分支之一，现已广泛应用于多个领域。如医疗诊断、定理证明、自然语言翻译、专家系统、机器人等，都是利用计算机模拟人类的智力活动。智能计算研究的主要方向有人工神经网络技术、遗传算法、模糊逻辑、进化规划、智能代理、机器学习和群集智能技术等。此外，将人工智能技术与其他技术相结合，也已成为当前的一个重要发展方向。例如，智能技术与数字家电相结合产生了智能家电、与控制技术结合产生了智能控制、与信息处理技术相结合产生了智能信息处理和智能决策支持系统等。

6. 电子商务

电子商务是指通过计算机和网络以电子数据信息流通的方式在世界范围内进行商务活动。它是在 1996 年开始的，因其所具有的全球性、高效率、低成本和高收益等特点很快受到了世界各国的青睐，并使其大大超越了作为一种新的贸易形式所具有的价值。

目前，许多公司都通过 Internet 进行商务活动、交易活动、金融活动和其他相关的综合服务活动等，用户在家即可完成订购、购物、交费和预约服务等。

7. 虚拟现实

虚拟现实（Virtual Reality，VR）是与多媒体技术相关的计算机信息技术之一，是计算机与用户之间的一种更为理想化的人机界面形式。它采用计算机技术生成一个逼真视觉、听觉、味觉和触觉的感官世界，人们可以进入这个逼真的三维虚拟环境，并通过自然技能使用传感设备与之相互作用。与传统计算机系统相比，虚拟现实系统具有三个重要特征，即临境性、交互性和想象性。它与传统的模拟技术完全不同，是将模拟环境、视景系统和仿真系统三位一体，并利用头盔显示器、图形眼镜、数据服、立体声耳机、数据手套及脚踏板等传感器装置，把操作者与计算机生成的三维虚拟环境融合在一起。操作者通过传感器装置与虚拟环境交互作用，可获得视觉、听觉、触觉等多种感知，并按照自己的意愿去改变"不随心"的虚拟环境。

1.2　计算机系统的组成

一个完整的计算机系统是由相互独立而又密切相连的硬件系统和软件系统两大部分组成。所谓硬件，是指由电子元器件和机械零部件构成的机器实体，也称作硬设备、机器系统或裸机。计算机软件则是各种程序的统称，是指各种各样的指挥计算机工作的程序或指令的集合。图 1-8 描述了计算机系统的组成情况。

图 1-8　计算机系统的组成

1.2.1　冯·诺依曼计算机的结构与工作原理

1946 年，冯·诺依曼提出了一种全新的通用电子计算机结构设计方案，称之为冯·诺依曼体系结构或冯·诺依曼计算机。冯·诺依曼的计算机设计思想为后人普遍接受，对计算机的发展产生了深远的影响。从第一代到第四代计算机，虽然计算机系统在性能指标、运算速度、工作方式、应用领域等多方面都发生了巨大的变化，但基本上都采用了冯·诺依曼体系结构。冯·诺依曼思想的基本要点是：计算机硬件由输入输出设备、存储器、运算器和控制器五大部分组成；采用二进制形式表示数据和程序；采用存储程序的控制方式。

1. 冯·诺依曼计算机的基本结构

冯·诺依曼计算机由运算器、控制器、存储器、输入设备和输出设备五大部件组成，其基本结构如图 1-9 所示。

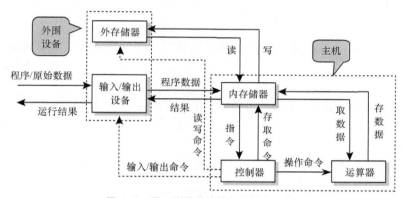

图 1-9　冯·诺依曼计算机的基本结构

2. 采用二进制形式表示数据和程序

在冯·诺依曼体系结构的计算机中，任何数据和程序都是以二进制形式表示，即由 0 和 1 组成的代码序列表示，并存放在存储器中，这就大大简化了计算机的结构。有时我们把存储在存储器中的数据和程序统称为数据，因为程序本身也可以作为对象被计算机处理，例如，对程序进行编译就是将源程序当作数据来处理。

3. 采用存储程序的控制方式

存储程序是冯·诺依曼思想的核心内容。计算机采用存储程序的控制方式工作，就是将预先编写好的程序以二进制代码的形式存入存储器中，然后按照顺序执行这些程序。程序主要是由计算机能够识别和执行的指令序列组成。计算机在运行程序时能自动地、连续地从存储器中依次取出指令及相关数据，并执行指令规定的操作，完成各项任务。这是计算机能高速自动运行的基础。计算机的工作体现为执行程序，这样只要预先在计算机中存入不同的程序，计算机也就可以完成各种不同的任务。计算机功能的扩展在很大程度上取决于程序的设计。

冯·诺依曼计算机各部件的工作都是在控制器的统一控制下进行的，而控制器则是按照程序指令的要求执行。其工作过程如下：控制器从存储器中取出一条指令，并对指令进行分析（称为指令译码），然后执行指令。执行指令就是根据该指令的操作要求向其他部件发出控制命令（或控制信号）。例如，向存储器取操作数、命令运算器做加法运算、命令输入设备接收数据或向输出设备发送数据等。随后，控制器又继续从存储器中取出下一条指令，再分析指令，执行指令……，如此不断地周而复始，一条一条地执行下去，直至执行到停机指令为止，从而完成程序的各项功能。从上述过程可以看出，程序中每条指令的执行可以分为三个阶段，即取指令、分析指令和执行指令。

存储程序和二进制奠定了现代计算机的基本结构思想，到目前为止计算机仍沿用这一体系结构。当然，冯·诺依曼体系结构也存在缺点。例如，从本质上讲它采取了串行顺序处理的工作机制，而不是并行处理。随着现代科学技术的发展，对计算机并行处理的要求日趋增多，因此人们提出了许多对冯·诺依曼体系结构的改进方案，期望着能突破传统冯·诺依曼体制的束缚，开发出非冯·诺依曼化的体系结构。

1.2.2 微型计算机系统的硬件系统

1. 中央处理器

中央处理器又叫微处理器，它是微型计算机的核心，是包含运算器和控制器在内的一块大规模集成电路芯片，英文名称简称 CPU（Central Processing Unit）。

运算器是计算机中进行算术运算和逻辑运算的单元，通常由算术逻辑运算单元 ALU（Arithmetic and Logic Unit）、加法器及通用寄存器组成。它在控制器的控制下完成二进制的算术运算、逻辑运算、比较运算和移位运算。

控制器负责从存储器中逐条取出指令、分析指令，并按指令要求发出相应的控制信号指挥各执行部件工作。控制器主要由指令寄存器、译码器、程序计数器和操作控制器等组成。

2. 存储器

存储器是用来存储数据和程序的主要部件。一般来说，存储器的存储速度越快越好，但速度越快生产成本也就越高，因此，为了节约成本，计算机系统中的存储体系通常由各个档次的存储设备互相搭配构成。按其速度快慢的顺序来说，主要由三级存储器构成，即高速缓存（Cache）、主存和外存。

主存储器又称内存储器，简称主存或内存，它和 CPU 等硬件设备合在一起称为主机。主存可以直接和 CPU 交换信息，通常存放常用的或当前要用的程序和数据。任何程序要运行都必须首先读入到主存中；任何数据要想被计算机处理，也必须预先读入到主存中。

主存储器分为随机存储器和只读存储器两种。

只读存储器（ROM），其中的信息固定不变，只能读出不能重写，一般是在生成计算机时预先固化好的，用来存放开机自检、系统初始化等程序。存放在 ROM 中的信息，其读取速度快，断电也不会丢失。

随机存储器（RAM），其中的信息即可读出，也可写入。其读取速度相对于 ROM 而言较慢，而且停电后 RAM 中保存的信息会全部丢失。人们常说的计算机的内存容量就是指这一部分，而不包括 ROM 在内。

随机存储器又分为动态随机存储器和静态随机存储器。动态随机存储器（Dynamic RAM，DRAM）是最常用的一种 RAM，通常所说的内存或主存就是指 DRAM。静态随机存储器（Static RAM，SRAM）是另一种类型的随机存储器，它由静态的 MOS 管组成，它的每个存储单元都是由 6 个 MOS 管构成的触发器。只要不断电，触发器可永久地保存信息，SRAM 不需要定时刷新，故称静态随机存储器。由于 SRAM 的读写速度远快于 DRAM，所以在 PC 中 SRAM 大都作为高速缓存（Cache）使用，DRAM 则作为普通的内存和显示内存使用。

Cache 位于主存和 CPU 之间，其容量小、速度快，可与 CPU 相匹配。由于 CPU 的运算速度远远高于主存的读写速度，因此，在 CPU 对主存进行读、写操作时会造成 CPU 的空闲等待。为了解决速度与成本的矛盾，引入了 Cache 技术。Cache 通常采用预读取技术，将程序运行中需要的数据和指令在 CPU 请求之前就从主存中提前读取到 Cache 中，当 CPU 需要这些数据或指令时可以直接在高速的 Cache 缓存中读取，因此大大减少了 CPU 和主存进行数据交换的时间，提高了 CPU 的访问效率。

3. 外存储器

外存储器，又称辅助存储器。由于价格因素，主存储器的容量通常不是很大，同时主存储器中的数据在断电后丢失，因此，为了长期保存数据和扩大存储容量，人们开发了各种具有非易失性、大容量和低价格的辅助存储器。比较常用的辅助存储器有软盘、硬盘、光盘及各种移动存储设备等。由于人们习惯将中央处理器和主存储器合起来称为主机，而辅助存储器以前是置于主机之外的，故将辅助存储器称为外部存储器，简称外存。外存所存储的信息必须通过接口送入内存，才能被 CPU 访问。所以说，外存是内存的备份和扩充。目前，硬盘作为保存软件和数据的最主要设备，已成为计算机的核心部件之一。

软盘存储器是由软盘、软盘驱动器和软盘适配器组成。软盘是存储介质，软盘驱动器是读、写装置，软盘适配器是与主机连接的接口。软盘是涂有磁性物质的聚酯薄膜圆盘，由于盘片柔软，故称为软磁盘，简称软盘。软盘的存储容量较少、不易携带，并且容易损坏，目前已被移动存储设备所取代。

硬盘存储器是由磁盘片组和硬盘驱动器等组成。它具有比软盘大得多的容量和快得多的存取速度。硬盘存储器可以分为固定式和可移动式两种，其中固定式硬盘存储器如图 1-10 所示。当前，硬盘容量大都达到了几百吉字节。每个硬盘由多个磁盘片组成，每个盘片又有两个记录面，每个记录面上都有相同数目的磁道。所有记录面上相同半径的磁道组合在一起形成了一个柱面，其柱面数与每个记录面上的磁道数相等。

图 1-10　固定式硬盘的外观

为了便于存取数据，每个磁道又被分为许多小区段，称其为扇区。磁盘信息是按扇区存放的，每个扇区存放一个记录块。每个磁道上的扇区数是相同的，每个扇区能够存储的数据容量都是 512B，因此，每个磁道记录的信息量一样多。扇区的编号可以是连续的，也可以是间隔的。如果知道了一个硬盘的磁头数，柱面数和扇区数，就可以计算出该硬盘的存储容量。例如，已知某硬盘的磁头数为 64，柱面数为 1024，扇区数为 127，则它的存储容量为 $64 \times 1024 \times 127 \times 512B = 4.2GB$。

光盘存储器是 20 世纪 70 年代的重大科技发明。随着多媒体技术的发展，计算机要处理图形、文字、声音、图像等大量信息，磁盘存储器的容量已不能满足用户的要求，人们迫切需要一种速度快、容量大、工作稳定可靠、耐用性强的存储媒体来取代软盘，这样就诞生了光盘存储器。光盘存储器主要包括光盘、光盘驱动器（也称为 CD-ROM 驱动器，简称光驱）和光盘控制器。

光盘盘片的组成一般包括三层：聚碳酸酯塑料衬底、记录信息的反射层和涂漆保护层。反射层表面被烧蚀出许多微小的凹坑和凸槽，光盘存储器利用激光照射在反射层表面的反射强度的不同来表示信息。

光盘存储器比磁盘存储器有更大的容量，被誉为"海量"存储器。由于光盘存储的数据不依赖于电，激光头在读写光盘盘片时不接触、无磨损，所以信息保存时间长。光盘有 4 种类型。

（1）只读型光盘（CD-ROM）

此类光盘不能写入信息，也不能对内容进行改动。这种光盘采用耐热的有机玻璃做基片，表面涂有一层介质薄膜。通过使用激光技术雕刻凹坑表示数据，其特点是价格低、容量大、制作容易、体积小、能长期保存。一张普通 CD-ROM 光盘的容量为 650MB 左右。

（2）一次写入型光盘（CD-WO）

此种光盘又称为追记型光盘，可由用户写入信息，只能写入一次，写入后可以多次读出，但不能修改和删除。一般用于资料的永久性保存，也可用于自制多媒体光盘或光盘拷贝。

（3）可擦写型光盘（CD-MO）

这种光盘类似于磁盘，又称为磁光盘，可以重复读写。它即有硬盘大容量的特点，又有软盘可卸载的优点，可以反复擦写 10000 次以上。

（4）DVD 光盘

DVD-ROM（Digital Versatile Disc-Read Only Memory）是 CD-ROM 的后继产品。DVD-ROM 盘片的尺寸与 CD-ROM 盘片完全一致，不同之处是 DVD-ROM 采用较低的激光波长。DVD 光盘驱动器向下兼容，能读目前的音频 CD、CD-ROM 和 DVD-ROM。

4. 移动存储器

目前，人们比较熟悉的移动存储器主要有闪存盘和移动硬盘。

（1）闪存盘

闪存盘（又称优盘或 U 盘）是一种移动存储产品，其常见外观如图 1-11 所示。它可用于存储任何格式的数据文件，是个人的"数据移动中心"。优盘采用闪存作为存储介质（Flash Memory），采用通用串行总线（USB）作为接口，并且不需要专门的驱动器，具有轻巧精致、使用方便、便于携带、容量较大、安全可靠、防震性能好等特点，是理想的便携存储工具。

（2）移动硬盘

优盘虽然具有性能好、体积小、携带方便等优点，但当需要存储更大容量的数据时，优盘显然不能满足要求。这时，可以使用移动硬盘进行存储，其使用方法与优盘相似。移动硬盘的外观如图 1-12 所示。

图 1-11　闪存盘（优盘）

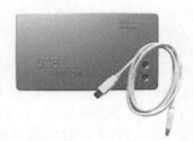

图 1-12　移动硬盘

5. 微型计算机的主要输入/输出设备

（1）输入设备

目前，微机中常用的输入设备有键盘和鼠标。另外还有光笔、CD-ROM 驱动器、扫描仪、摄像头、话筒和摄像机等。

键盘是计算机系统中最常用的输入设备，人们所做的文字编辑、表格处理及程序的编写、调试等工作，绝大部分都是通过键盘来完成。当用户按下某个按键时，键盘内的控制电路根据该键的位置就把该字符信号转换为二进制所表示的键码，再通过电缆传送给主机。常用的键盘具有 101 个键，也有 104 个键的键盘，它是在原 101 键盘的基础上多增加了 3 个用于 Windows 操作系统的按键。这两种键盘的按键布置基本相同，如图 1-13 和图 1-14 所示。

图 1-13　101 键盘

图 1-14　104 键盘

整个键盘主要分为 4 个区域。

① 主键盘区。在键盘的左下方，与标准的英文打字机键盘的排列基本一样。主要包括字母、数字及常用的特殊符号。

② 功能键盘区。在键盘的上方，共 12 个键：【F1】~【F12】，分别由各软件指定其功能。

③ 编辑键盘区。在键盘的中间，主要是方向键、编辑键等。

④ 数字小键盘区。在键盘的右方，是为单手录入数字数据而设计的。

键盘上常用控制键的使用方法如下。

【Enter】（回车键）：用于确认输入信息，编辑时用于换行，表明一行结束。

【Esc】：常用于终止或取消当前操作。

【Space】（空格键）：编辑时用于输入空格。

【BackSpace】（退格键）：可删除当前光标前的一个字符。

【Caps Lock】（大小写切换键）：此键与 Caps Lock 灯关联。初次按下该键，指示灯亮，表明现在处于大写字母状态；再次按下该键，指示灯灭，表明此时处于小写字母状态。

【Num Lock】（数字、编辑切换键）：小键盘上的双字符键，具有数字键和编辑键的双重功能。开机后系统约定处于编辑状态，按一下【Num Lock】键则进入数字状态，此时即可输入数字，再次按下【Num Lock】键，则恢复编辑状态。

【Tab】（制表键）：在表格中每按一次该键，光标向右移动到下一个单元格。处于文本编辑状态时，默认设置为每按一次该键，向右移动 4 个字符位。

【Insert】或【Ins】（插入/改写切换键）：在插入和改写状态之间切换。在插入状态下，输入的字符插入在光标之前，光标后的字符后移让位。在改写状态下，输入的字符将覆盖光标后面的原有字符。

【Delete】或【Del】(删除键)：可删除当前光标所在位置后面的一个字符。

【Shift】(上挡键)：共有两个，按住该键的同时再按字母键，可切换输入字母的大小写。按住该键的同时再按双符号键，可输入上位键字符。

【Ctrl】、【A1t】(组合键)：单独按时几乎没有意义，只有跟其他键组合才有意义。

【Home】、【End】：可以将光标移动到一行的开头或结尾。

【Print Screen】(屏幕打印键)：在 DOS 操作系统下，按该键可在打印机上打印当前屏幕的内容。在 Windows 操作系统下，按该键可将当前屏幕的内容复制到剪贴板，完成截取屏幕内容的功能。

【Pause/Break】(暂停/终止键)：单按此键表示暂停应用程序的功能，按住【Ctrl】键后再按此键表示终止程序。

鼠标也是计算机常用的一种输入设备。根据工作原理及内部结构，可将鼠标分为机械式鼠标、光学式鼠标和光学机械式鼠标三种。机械式鼠标内部装有一个直径为 2.5cm 的橡胶球，光学鼠标不需要滚动球。在机械鼠标和光学鼠标的基础上出现了光学机械混合式鼠标。它也有滚动橡胶球，但不需要特殊平板。与鼠标功能相近的还有触摸屏，跟踪键或跟踪球等，它们主要用于笔记本计算机上。

（2）输出设备

输出设备用于将保存在内存中的计算机的处理结果以某种形式输出，可输出字母、数字、表格和图形等。目前常用的输出设备有打印机、显示器及绘图仪等。

显示器是一种字符及图形输出设备，根据所采用的显示器件可分为阴极射线管（CRT）显示器和液晶显示器（LCD），它们的外观分别如图 1-15 和图 1-16 所示。

图 1-15　CRT 显示器

图 1-16　液晶显示器

液晶显示器具有超薄、完全平面、无电磁辐射、功耗小等特点。随着价格的下降，当前 PC 上均配备液晶显示器。

按照显示器的屏幕类型划分，显示器可分为球面显示器、平顶直角显示器和纯平面显示器等；按照显示器屏幕的大小划分，可分为 14 英寸（1 英寸=2.54cm）显示器、15 英寸显示器、17 英寸显示器和 19 英寸显示器等。按照显示器的扫描方式划分，可分为隔行扫描显示器和逐行扫描显示器等。

打印机是一种常用的输出设备。它可将计算机的运行结果或中间结果打印在纸张上。按打印的颜色划分，可分为单色打印机和彩色打印机等；按打印机的工作方式划分，可分为击打式打印机和非击打式打印机等。最常见的击打式打印机是点阵式打印机，最常见的非击打式打印机有喷墨打印机和激光打印机，如图 1-17 所示。

图 1-17 点阵式打印机、喷墨打印机和激光打印机

点阵式打印机也称为针式打印机，它由走纸部件、打印头和色带组成。打印头由 24 根打印针纵向排列组成点阵，通过打印头的左右移动，根据所打印字符的数据使打印头上的部分针击打色带，最后在纸张上形成字符。其优点是价格便宜，耐用，可以打印蜡纸和多层压感纸，其缺点是噪声大、打印速度慢。

喷墨打印机使用喷墨来代替打印针，将墨水通过精制的喷头喷射到纸面上形成输出字符或图形。喷墨打印机体积小、噪声小、打印质量高、价格便宜，适合家庭购买。但其对纸张的要求高，墨水消耗大，不能打印蜡纸。

激光打印机结合了激光技术与电子照相技术。其打印质量高、噪声小、打印速度快，现在许多报纸、图书的出版稿都是由激光打印机打印。但它对纸张的要求高，价格相对较高，不能打印蜡纸。随着激光打印机价格的降低，目前办公室里大多数的打印装置都采用这种打印机。

打印机虽然能打印出字符和一般的图形，但是面对复杂、精确的图形却显得力不从心。绘图仪能够绘制出各种平面的、立体的图形，作为一种常用的图形输出设备，绘图仪在气象、测绘、服装、机械、电子等图形输出较多的行业中有着广泛的应用。

绘图仪是一种能够按照人们的要求自动绘制图形的设备，它可将计算机的输出信息以图形的形式输出。绘图仪主要可绘制各种管理图表和统计图、大地测量图、建筑设计图、电路布线图、各种机械图与计算机辅助设计图等。现代的绘图仪已具有智能化的功能，自身可带有微处理器，可以使用绘图命令，具有直线和字符演算处理及自检测等功能。

绘图仪一般由驱动电动机、插补器、控制电路、绘图台、笔架、机械传动等部分组成。它除了必要的硬件设备之外，还必须配备丰富的绘图软件。只有把软件与硬件结合起来，才能实现自动绘图。绘图仪的种类很多，按其结构和工作原理可分为滚筒式和平台式两大类。

人们经常将输入、输出设备统称为 I/O 设备，或外围设备，简称外设。

1.2.3 微型计算机系统的软件系统

计算机软件是计算机系统中必不可少的组成部分，硬件相当于计算机系统的躯体，而软件相当于计算机系统的灵魂。没有软件，计算机硬件只是一堆废铜烂铁；同样，没有硬件，软件只是一堆无法发挥作用的废品。可以这么认为，在一定的计算机硬件条件下，计算机系统能发挥什么样的功能，能达到什么样的性能，完全取决于计算机的软件。软件设计人员将问题求解的方法转化为算法，再分解成为一系列更细致的操作步骤，然后将这些操作步骤转化为计算机可以执行的指令序列，这些指令就是程序；同时，配上有关该程序的功能、使用方法、内部结构、维护方法及其他有关必要说明的文档，就构成了计算机的软件。由于计算机的应用极其广泛，实现这些应用的相应软件也就五花八门、数不胜数。软件的分类方法多种多样，但根据软件所起作用的性质，可将计算机软件分为系统软件和应用软件两大类。也有人将软件分为三类，即在系统软件和应用软件之间再划出一类工具软件，包括下载用的软件、压缩和解压缩用的软件、杀毒用的软件等。

1. 系统软件

系统软件不是针对具体应用领域的，而是用于管理和协调计算机的各种资源，特别是硬件资源，使其更好地发挥作用，使用户更方便地使用计算机。同时，系统软件也是支撑应用软件运行的基础，即应用软件是依托系统软件而运行的。系统软件主要包括 4 类：操作系统、程序设计语言处理系统、数据库管理系统和服务程序。

（1）操作系统

操作系统是一个大型的软件系统，是计算机系统软件的核心，在层次上位于应用软件和硬件之间。它直接管理和控制计算机的硬件，控制输入、输出的处理，控制和协调应用软件的运行，实现用户与计算机系统之间的通信。操作系统提供各种命令和操作界面，供用户方便地使用计算机。操作系统是最靠近硬件的一层软件，它使硬件"裸机"成为真正可用的计算机系统。

（2）程序设计语言处理系统

任何一种软件都是用某种计算机语言编写而成的。目前使用的计算机语言有上百种，但大致可以分为三大类：机器语言、汇编语言和高级语言。除机器语言外，其他语言都必须经过编译、处理后计算机才能执行，完成编译处理的系统软件通常称为程序设计语言处理系统。

机器语言是指计算机的指令系统，即机器指令。通常一种机器的指令系统包含几十条甚至数百条指令，每条机器指令都由一组二进制代码组成。通常每条指令都包括操作码和地址码两部分。其中操作码表示做什么运算，如加、减、传送、移位等；地址码表示参与运算的数据是什么，操作数地址或存放运算结果的地址是多少。机器指令是在设计 CPU 时就确定的，是计算机能够直接识别和执行的语言。因此，用机器语言编写的程序直接可以运行。但机器语言是面向机器的，对人来说很抽象。另外，用 0 和 1 形式的机器语言编写程序不仅工作量大、效率低，而且还很抽象、不直观、容易出错、不便修改。现在几乎没有人直接用机器语言编写程序了。

汇编语言采用人们比较熟悉的英文单词或其缩写作为机器指令中操作码和地址码的助记符，它克服了机器语言太抽象，难记忆，不好用的缺点。例如，IBM PC 中的加法指令为"ADD AL，3"，其操作码 ADD 表示相加，地址码有两个，其中 AL 是寄存器名，3 是立即数。该指令表示将数据 3 与寄存器 AL 中的数相加，结果存放在 AL 中。它比机器语言易读、易记、易改，编程效率明显提高。用汇编语言编写的程序称为汇编语言程序，但计算机不能直接识别和执行该程序，需要将它翻译成机器语言，然后才能执行。通常这个翻译的任务也由计算机来承担，完成翻译工作的软件称为汇编程序，它属于系统软件。由于汇编语言也是面向机器的，汇编指令实际上与机器指令一一对应，因此，程序员仍要记忆大量的机器指令助记符。这对程序员就提出了更高的要求，而且所编写的程序只能针对某一类机器，缺乏通用性。目前，仍有许多人在使用汇编语言编写程序，对于那些需要直接控制硬件的地方和要求程序运行效率特别高的场合，必须使用汇编语言编写程序。

高级语言是与具体的计算机硬件无关的程序设计语言。高级语言接近于人类使用的自然语言，易学易记，通用性好，不依赖于特定的机器，特别是它的编程效率比较高。高级语言的一个语句，可能相当于十几条甚至几十条或几百条机器指令。目前正在使用的高级语言有上百种，但比较常用的高级语言有 VB、VC、Fortran、C、C++、Java 等。高级语言程序必须翻译成机器语言程序才能被执行。习惯上，人们将用高级语言编写的程序称为源程序，源程序经过翻译所得到的程序称为目标程序或可执行程序。完成这个翻译工作的程序称为编译程序或解释程序，它们均属于系统软件。

（3）数据库管理系统

随着信息化的发展，数据库的应用也越来越普遍。我们把以一定的组织形式存放在存储介质上，并且相互关联的数据的集合称为数据库（Database，DB）。数据库管理系统是管理和维护数据库的大型软件系统。目前比较流行的数据库有 Oracle 数据库、IBM 的 DB2 数据库、微软的 SQL Server 数据库、Sybase 数据库，以及轻量级的 FoxPro 数据库、Access 数据库等。另外，还有近年来比较流行的开源软件 MySQL 数据库和 PostgreSQL 数据库等。

（4）服务程序

服务程序主要是为用户开发程序和使用计算机提供方便，以增强操作系统的功能，有些已经集成到了操作系统中。比较常用的服务程序有存储介质转换程序，编辑程序（又称编辑器，如 Vi），连接程序（Linker，它将编译所得的多个目标程序连接起来，装配成可执行程序），系统监测、排错和诊断程序等，也可以将这些程序归类为工具软件。

2. 应用软件

应用软件是相对于系统软件而言的，主要用于解决用户的某些具体的应用问题。应用软件是针对用户的特定需求而开发的，其种类繁多，功能各异。常见的应用软件有办公软件（如微软的 Office 系列）、各行各业的管理软件、控制软件、计算软件和娱乐软件等。

1.2.4 微型计算机的主要技术指标

计算机功能的强弱和性能的好坏是由系统结构、硬件组成、软件配置等多方面的因素综合决定的。计算机系统对于不同的应用来说，其配置和衡量标准也不尽相同。但对于普通用户来说，可以从下面几个主要指标来衡量。

1. 主频

主频即 CPU 工作的时钟频率，它在较大程度上决定了计算机的运行速度。同等情况下，主频越高，机器速度越快。但主频不等价于运算速度，相同的 CPU 主频，若机器的体系结构不同或配套硬件不同，则计算机的运行速度可能会相差很多倍。主频的单位是兆赫兹（MHz）或吉赫兹（GHz），例如，微处理器 486DX/66 的主频为 66MHz，而 Pentium 4 的主频高达 3GHz。

2. 运算速度

运算速度是一项综合性的性能指标，不仅与 CPU 有关，而且与执行的操作类型、其他部件设备的速度及体系结构有关。因为指令类型的不同，故执行的时间也就不一样。过去常以执行浮点加法指令作为标准来计算运算速度，现在常用一种等效速度或平均速度来衡量，等效速度是由各种指令平均执行时间加权计算求得的。基于这种思想，衡量运算速度的常用指标是 MIPS（Million Instructions Per Second），即每秒执行的百万条指令数，其计算公式为：MIPS=执行指令条数/（执行时间×1000000）。

3. 字长

通常把 CPU 在同一时间内可以同时处理的一组二进制数称为计算机的一个"字"，而这组二进制数的位数就是"字长"。首先，字长较长的计算机在一个指令周期内要比字长较短的计算机处理更多的数据。其次，字长越长，指令直接寻址的能力越强。目前微机的字长已达64 位。

4. 内存容量

内存容量是指主存储器能够存储信息量的多少，常以字节（B）的千倍数表示，如 KB，MB，GB 或 TB 等。存储器分为内存和外存。由于内存是 CPU 可以直接访问的存储器，需要执行的程序与需要处理的数据必须先存放在内存中。如果内存不足，大的程序和数据就要分批从硬盘读入内存，而硬盘的速度要比内存慢得多，从而导致运行速度显著下降。内存容量的大小不仅反映了计算机即时存储信息的能力，而且也对整机的运行速度产生了比较大的影响，特别是运行大的程序和处理大数据量的情况。

5. 外存储器的容量和速度

外存储器容量通常是指硬盘容量。一般来说，现在的计算机系统都是将各种系统软件和应用软件安装在硬盘上，由操作系统在系统运行时将需要的程序和数据从硬盘调入到内存。外存储器容量越大，可存储的信息量就越大，可供用户使用的资源也就越丰富。硬盘的速度和其转速有关，常见硬盘的转速为 5400r/min、7200r/min、10000r/min 和 15000r/min 等。

6. 外设的配置情况

外设中主要考虑的是显示器的配置情况。显示器包括 CRT 显示器和 LCD 显示器两种。现在绝大多数人使用 LCD。LCD 的主要技术指标有尺寸、分辨率、亮度和对比度、刷新率、可视角度、响应时间等。为了使计算机具有较高的图形处理能力，应考虑使用高配置的显卡。

1.3　计算机中的信息表示

在计算机内部所使用的数据可分为数值型数据和非数值型数据。数值型数据用于表示量的大小，有正负之分，如整数和小数等。非数值型数据用于表示一些符号和标记，如 26 个英文字母的大写和小写，数字 0~9，各种专用字符及标点符号等。非数值型数据还包括汉字、图形、声音数据等。无论哪种数据，当被计算机处理时，都需要把它们用二进制表示出来，也就是需要将这些数据用二进制编码。

1.3.1　数制的概念

数制也称计数制，是指用一组固定的符号和统一的规则表示数值的方法。编码是采用少量的基本符号，选用一定的组合原则来表示大量复杂多样的信息的技术。计算机是信息处理的工具，任何信息必须转换成二进制形式的数据后才能由计算机进行处理、存储和传输。

人们习惯使用的十进制数由 0、1、2、3、4、5、6、7、8、9 这 10 个不同的符号组成，每一个符号处于十进制数中不同的位置时，它所代表的实际数值是不一样的。例如，1999 可表示成：

$$1 \times 1000 + 9 \times 100 + 9 \times 10 + 9 \times 1$$
$$= 1 \times 10^3 + 9 \times 10^2 + 9 \times 10^1 + 9 \times 10^0$$

式中，每个数字符号的位置不同，它所代表的数值也不同，这就是经常所说的个位、十位、百位、千位……的意思。二进制数和十进制数一样，也是一种进位计数制，但它的基数是 2。

在二进制数中，0 和 1 的位置不同，它所代表的数值也不同。例如，二进制数 1101 表示十进制数 13，如下所示：

$$(1101)_2=1\times2^3+1\times2^2+0\times2^1+1\times2^0=8+4+0+1=13$$

一个二进制数具有下列两个基本特点：只有两个不同的数字符号，即 0 和 1；采取逢二进一的运算规则。

为了便于分辨不同进制的数，采用( )加下角标的方法表示数据。例如，十进制用$( )_{10}$表示，二进制数用$( )_2$表示等。有时也可以在数字的后面加上特定的字母表示该数的进制。例如，B 代表二进制、D 代表十进制（D 可省略）、O 代表八进制、H 代表十六进制等。

在进位计数制中有数位，基数和位权 3 个要素。数位是指数码在一个数中所处的位置；基数是指在某种进位计数制中，每个数位上所能使用的数码的个数。例如，二进制数的基数是 2，每个数位上所能使用的数码为 0 和 1 两个数码。在数制中有一个规则，如果是 N 进制数，则逢 N 进 1。对于多位数，处在某一位上的"1"所表示的数值的大小，称为该位的位权。例如，二进制数第 2 位的位权为 2，第 3 位的位权为 4。一般情况下，对于 N 进制数，其整数部分第 i 位的位权为 N^{i-1}，而小数部分第 j 位的位权为 N^{-j}。

下面主要介绍与计算机有关的常用的其他几种进位计数制。

1. 十进制

基数为 10，具有 10 个不同的数码符号：0、1、2、3、4、5、6、7、8 和 9，其特点是逢十进一，例如：

$$(1011)_{10}=1\times10^3+0\times10^2+1\times10^1+1\times10^0$$

2. 八进制

基数为 8，具有 8 个不同的数码符号：0、1、2、3、4、5、6 和 7，其特点是逢八进一，例如：

$$(1011)_8=1\times8^3+0\times8^2+1\times8^1+1\times8^0=(521)_{10}$$

3. 十六进制

基数为 16，具有 16 个不同的数码符号：0、1、2、3、4、5、6、7、8、9、A、B、C、D、E 和 F，其特点是逢十六进一，例如：

$$(1011)_{16}=1\times16^3+0\times16^2+1\times16^1+1\times16^0=(4113)_{10}$$

表 1-1 给出了 4 位二进制数与其他数制的对照。

表 1-1　4 位二进制数与其他数制的对照

二进制	十进制	八进制	十六进制
0000	0	0	0
0001	1	1	1
0010	2	2	2
0011	3	3	3
0100	4	4	4
0101	5	5	5
0110	6	6	6

二进制	十进制	八进制	十六进制
0111	7	7	7
1000	8	10	8
1001	9	11	9
1010	10	12	A
1011	11	13	B
1100	12	14	C
1101	13	15	D
1110	14	16	E
1111	15	17	F

1.3.2 数制间的转换

用计算机处理十进制数，必须先把它转化成二进制数。同样，在输出计算结果时，应将二进制数转换成人们习惯的十进制数。这样就产生了不同进制数之间的转换问题。

（1）将十进制整数转换成二进制整数

将一个十进制整数转换成二进制整数的方法如下。

把被转换的十进制整数反复地除以 2，直到商为 0，所得的余数（从末位读起）就是这个数的二进制表示。简单地说，就是"除 2 取余法"。

了解了将十进制整数转换成二进制整数的方法以后，将十进制整数转换成八进制或十六进制整数就变得很容易了。将十进制整数转换成八进制整数的方法是"除 8 取余法"，将十进制整数转换成十六进制整数的方法是"除 16 取余法"。

例如，将十进制整数 $(47)_{10}$ 转换成二进制整数的方法如下：

```
2 | 47          余数
2 | 23 ………… 1   ↑
2 | 11 ………… 1   |
  2 | 5 ………… 1   |
  2 | 2 ………… 1   |
  2 | 1 ………… 0   |
    0 ………… 1
```

所以 $(47)_{10} = (101111)_2$

（2）将二进制数转换成十进制数

$$(101111)_2 = 1 \times 2^5 + 0 \times 2^4 + 1 \times 2^3 + 1 \times 2^2 + 1 \times 2^1 + 1 \times 2^0 = 32 + 0 + 8 + 4 + 2 + 1 = (47)_{10}$$

（3）将十进制小数转换成二进制小数

将十进制小数转换成二进制小数是把十进制小数连续乘以 2，选取进位整数，直到满足精度要求为止，简称"乘 2 取整法"。

例如，将十进制小数 $(0.6875)_{10}$ 转换成二进制小数的方法如下。

将十进制小数 0.6875 连续乘以 2，把每次所进位的整数，按从上往下的顺序写出，于是就有：$(0.6875)_{10} = (0.1011)_2$

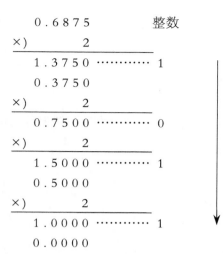

$$0.6875 \quad\quad 整数$$

了解了将十进制小数转换成二进制小数的方法以后，将十进制小数转换成八进制小数或十六进制小数就很容易了。将十进制小数转换成八进制小数的方法是"乘 8 取整法"，将十进制小数转换成十六进制小数的方法是"乘 16 取整法"。

（4）二进制数与八进制数之间的转换

二进制数与八进制数之间的转换十分简捷方便，他们之间的对应关系是，八进制数中的每一位都对应着二进制数中的三位。

将二进制数转换成八进制数，可以按以下方法进行。

由于二进制数和八进制数之间存在着特殊关系，即 $8^1=2^3$，因此转换起来就比较容易了。具体的转换方法是：将二进制数从小数点开始，整数部分从右向左三位一组，小数部分从左向右三位一组，不足三位用 0 补足即可。

例如，将 $(10110101110.11011)_2$ 转化成八进制数的方法如下：

010	110	101	110 .	110	110
↓	↓	↓	↓	↓	↓
2	6	5	6 .	6	6

于是，$(10110101110.11011)_2=(2656.66)_8$

将八进制数转换成二进制数，可以按以下方法进行。

将八进制数转换成二进制数时，以小数点为界，向左或向右每一位八进制数用相应的三位二进制数取代，然后将其连在一起即可。

例如，将 $(6237.431)_8$ 转换成二进制数的方法如下。

6	2	3	7 .	4	3	1
↓	↓	↓	↓	↓	↓	↓
110	010	011	111 .	100	011	001

（5）二进制数与十六进制数之间的转换

将二进制数转换成十六进制数，可以按以下方法进行。

由于二进制数的每四位都对应于十六进制数的 1 位（$16^1=2^4$），因此具体的转换方法是：将二进制数从小数点开始，整数部分从右向左四位一组，小数部分从左向右四位一组，不足四位 0 补足，写出每组对应的一位十六进制数，即可得到转化的结果。

例如，将二进制数 $(101001010111.110110101)_2$ 转换成十六进制数的方法如下：

```
1010   0101   0111 .  1101   1010   1000
  ↓      ↓      ↓   .    ↓      ↓      ↓
  A      5      7   .    D      A      8
```

于是，$(101001010111.110110101)_2=(A57.DA8)_{16}$

将十六进制数转换成二进制数，可以按以下方法进行。

将十六进制数转换成二进制数时，以小数点为界，向左或向右每一位十六进制数用相应的四位二进制数取代，然后将其连在一起即可。

例如，将$(3AB.11)_{16}$转换成二进制数。

```
  3      A      B  .   1      1
  ↓      ↓      ↓  .   ↓      ↓
0011   1010   1011 . 0001   0001
```

于是，$(3AB.11)_{16}=(1110101011.00010001)_2$

1.3.3　数据在计算机内的表示

1.数据的表示方法

计算机中常用数据的表示方式有两种，一是定点格式，二是浮点格式。一般来说，定点格式允许的数值范围有限，所要求的处理硬件比较简单；浮点格式允许的数值范围较大，所要求的处理硬件比较复杂。

（1）定点数的表示方法

定点格式就是约定机器中所有数据的小数点位置是固定不变的，因此就不再使用记号"."来表示小数点了。从原理上讲，小数点位置固定在哪一位都可以，但是通常将数据表示成纯小数或纯整数。

设用一个（$n+1$）位字（二进制）来表示一个定点数 x，其中第一位 x_0 用来表示数的符号，其余位代表它的量值。为了将整个（$n+1$）位统一处理，将符号位 x_0 放了在最左边的位置，并用数值 0 和 1 分别代表正号和负号，这样，对于任意一个定点数 $x=x_0 x_1 \cdots x_n$，在机器中可以表示为：

x_0	x_1	$\cdots$	x_n

如果数 x 表示的是纯整数，那么小数点位于最低位 x_n 右边，此时数 x 的表示范围为 $0 \leqslant |x| \leqslant 2^n-1$。目前，计算机中多采用定点纯整数的表示方法，因此，用定点数表示的运算简称为整数运算。例如，十进制数 6，在计算机中采用 16 位定点纯整数可表示为：

+	000 0000 0000 0110

（2）浮点数的表示方法

在字长为 32 位的计算机中，数值若用定点表示，其范围仅为 $-2^{31} \sim 2^{31}-1$。对于一些很小的数和很大的数，如 9×10^{-28} 和 2×10^{33}，在计算机中就无法用定点数直接表示，但可以把一个数的有效数字和数的范围在计算机的存储单元中分别予以表示。这种把数的范围和精度分别表示的方法，相当于数的小数点位置随比例因子的不同而在一定范围内自由浮动，所以被称为浮点表示法。对于任意一个十进制数 N 可以写成 $N=10^e \cdot m$，同样一个任意进制数 N_1 也可以写成 $N_1=R^e \cdot m$，其中，m 称为浮点数的尾数，是一个纯小数；e 是比例因子的指数，称为浮点数的指数，是一个整数；比例因子的基数 R 是一个常数，一般规定 R 为 2、8 或 16。

在计算机中表示一个浮点数时，第一要给出尾数，用定点小数形式表示，尾数部分要给出有效数字的位数，它决定了浮点数的表示精度；第二要给出指数，用整数形式表示，常称为阶码，阶码指明小数点在数据中的位置，它决定浮点数的表示范围。浮点数也有符号位。这样，由阶码、尾数及符号位组成的一个机器浮点数可表示为：

E_s	$E_1E_2\cdots E_m$	M_s	$M_1\,M_2\cdots M_m$

为便于软件移植，按照 IEEE 754 标准，32 位浮点数和 64 位浮点数的标准格式分别为：

32 位浮点数的标准格式

31	30	23	22	0
S		E		M

64 位浮点数的标准格式

63	62	52	51	0
S		E		M

不论是 32 位浮点数还是 64 位浮点数，规定其基数 $R=2$。由于基数 2 是固定常数，不必用显示方式表示。

在 32 位浮点数中，S 是浮点数的符号位，占 1 位，放在最高位，$S=0$ 表示正数，$S=1$ 表示负数；M 是尾数，放在低位部分，占 23 位，用小数表示，小数点放在尾数域的最前面；E 是阶码，占 8 位，阶符采用隐含方式。

在 64 位的浮点数中，符号位占 1 位，阶码域占 11 位，尾数域占 52 位。

一个浮点数可以有各种各样的变形，例如，0.5 可以表示成 0.05×10^1，50×10^{-2} 等。为了让浮点数有一个统一的表示方法，规定其尾数的最高位为 1，这种数称为规格化的浮点数。转换为规格化浮点数的这一过程被称为规格化。浮点数在规格化以后，其尾数部分必须是如下范围的小数：$0.1\leqslant M<1$（十进制表示）。当一个浮点数的尾数为 0 时，不管其阶码为何值，或当阶码的值遇到比它能表示的最小值还小时，不管其尾数为何值，计算机都把该浮点数看成零值，并把它称为机器零。

2. 二进制数的运算规则

（1）算术运算

加法：$0+0=0$，$0+1=1$，$1+0=1$，$1+1=10$（进位）

减法：$0-0=0$，$0-1=1$，$1-0=1$，$1-1=0$（借位）

乘法：$0\times0=0$，$0\times1=0$，$1\times0=0$，$1\times1=1$

除法：$0\div1=0$，$1\div1=1$，0 做除数无意义。

（2）逻辑运算

注意
运算按位进行，没有进位和借位。

逻辑加法 +（或 $\vee$ 运算）：$0+0=0$，$0+1=1$，$1+0=1$，$1+1=1$

逻辑乘法 ×（或 $\wedge$ 运算）：$0\times0=0$，$0\times1=0$，$1\times0=0$，$1\times1=1$

逻辑非运算 ¯：$\overline{1}=0$，$\overline{0}=1$

3. 数的机器码表示

在计算机中对数据进行运算操作时，符号位如何表示？是否也同数值位一起参加运算操作呢？如果参加，会给运算操作带来什么样的影响？为了妥善地处理好这些问题，产生了把符号位和数值位一起编码表示相应数的各种表示方法，如原码、反码、补码等。为了把一般书写表示的数和机器中这些编码表示的数加以区别，通常将前者称为真值，后者称为机器数或机器码。

（1）原码

将数"数码化"，原数前的"+"用 0 表示，原数前的"−"用 1 表示，数值部分为该数本身，这样的机器数被称为原码。

设 X 为原数，则当 $X \geq 0$ 时，$[X]_原 = X$；当 $X \leq 0$ 时，$[X]_原 = 2^{n-1} - X$，n 为字长的位数。

例如：

$[+3]_原 = 00000011B$；

$[-3]_原 = 2^7 - (-3) = 10000011B$；

在原码中，0 用两种方法表示：00000000B 表示+0；10000000B 表示−0。

（2）反码

规定正数的反码等于原码；负数的反码是将原码中的数值位各位取反。

设 X 为原数，则当 $X \geq 0$ 时，$[X]_反 = X$；当 $X \leq 0$ 时，$[X]_反 = (2^n - 1) + X$。

例如：

$[+4]_反 = [+4]_原 = 00000100B$

$[-5]_反 = (2^8 - 1) + (-5) = 11111111 - 00000101 = 11111010B$；

在反码中，0 有两种表示方法：00000000B 表示+0；11111111B 表示−0。

（3）补码

运用补码可以使减法运算变成加法运算。规定正数的补码等于原码；负数的补码是将其反码加 1。

设 X 为原数，则当 $X \geq 0$ 时，$[X]_补 = X$；当 $X \leq 0$ 时，$[X]_补 = 2^n + X$。

例如：

假设 $X = -0101110B$，$[X]_原 = 10101110B$，$[X]_反 = 11010001B$；

则 $[X]_补 = [X]_反 + 1 = 11010001 + 00000001 = 11010010B$。

在补码中，0 只有一种表示方法，即 00000000B，这是由于$[-0]_反 = 11111111B$。

$[-0]_补 = [-0]_反 + 1 = 11111111 + 00000001 = 100000000B$，由于数据的长度只有 8 位，因而最高位第 9 位的"1"溢出，被丢弃。所以，$[-0]_补 = 00000000B$。

1.3.4　信息编码

1. 数据单位

（1）位（bit）

位是计算机存储数据和进行运算的最小单位，用于存储二进制数中的一位数字（0 或 1），英文名是 bit，音译为"比特"。

（2）字节（byte）

字节是计算机存储和运算的基本单位，简写为大写字母 B。1 个字节由 8 个比特构成，更大的存储单位为 KB、MB、GB、TB 和 PB，它们之间的换算关系如下：

1KB=1024B，1MB=1024KB，1GB=1024MB，1TB=1024GB，1PB=1024TB

目前个人计算机的内存一般为 512MB、1GB 或 2GB；硬盘大多为 120GB 以上。

（3）字长（word size）

字长是指计算机一次能直接处理二进制数据的位数，它是由 CPU 本身的硬件结构决定的，与数据总线的数目相对应。字长越长，计算机的整体性能就越强。目前大多数个人计算机的字长为 32 位或 64 位。

2. 计算机中的二进制编码

（1）数值型数据的编码

计算机中数值编码采用 BCD 码（也称 8-4-2-1 码），它用四位二进制数码表示一位数值型数据，如 3209 的 BCD 码为 0011001000001001。所谓 8-4-2-1 是指若四位二进制数均为 1 时，其相应的十进制数为左数第一位的值为 8，第二位的值为 4，第三位的值为 2，第四位的值为 1。

（2）字符和符号的编码

ASCII 码（American Standard Code for Information Interchange）是美国标准信息交换码的简称，西文字符编码最常用的是 ASCII 码，如图 1-18 所示。

$d_6\,d_5\,d_4$ / $d_3\,d_2\,d_1\,d_0$	000	0001	010	011	100	101	110	111
0000	NUL	DLE	SP	0	@	P	`	p
0001	SOH	DC1	!	1	A	Q	a	q
0010	STX	DC2	"	2	B	R	b	r
0011	ETX	DC3	#	3	C	S	c	s
0100	EOT	DC4	$	4	D	T	d	t
0101	ENQ	NAK	%	5	E	U	e	u
0110	ACK	SYN	&	6	F	V	f	v
0111	BEL	ETB	'	7	G	W	g	w
1000	BS	CAN	(	8	H	X	h	x
10001	HT	EM	)	9	I	Y	i	y
1010	LF	SUB	*	:	J	Z	j	z
1011	VT	ESC	+	;	K	[	k	{
1100	FF	FS	,	<	L	\	l		
1101	CR	GS	-	=	M	]	m	}
1110	SO	RS	.	>	N	^	n	~
1111	SI	US	/	?	O	-	o	DEL

图 1-18　ASCII 码

用 ASCII 码表示的字符称为 ASCII 码字符。一个 ASCII 码字符占存储器的一个字节，它的最高位固定为 0，其余 7 位用于字符编码。如 01000001 代表大写字母 A，01100001 代表小写字母 a 等。特别需要指出的是，十进制数字字符的 ASCII 码与它们的二进制值是有区别的。例如，十进制数 3 转换为 7 位的二进制数时为 0000011B，而十进制数字字符 "3" 的 ASCII 码值为 0110011B=(51)₁₀。要确定一个数字、字母、符号或控制字符的 ASCII 码值，可在图 1-18 中先查出它的位置，并确定它所在的行和列，然后根据行数可以确定被查字符的低 4 位编码（d_3、d_2、d_1、d_0），根据列数可以确定被查字符的高 3 位编码（d_6、d_5、d_4）。将高 3 位编码与低 4 位编码连接在一起，就是要查字符的 ASCII 码值。

（3）汉字的编码

计算机处理汉字必须具备汉字输入、汉字存储、汉字显示、汉字打印和汉字传输五大功能。实现每一项功能时，汉字的表示方法都不一样。所以，每个汉字都有 5 种表示方法，即输入码、内码、显示字模码、打印字模码和传输码。从汉字编码的角度看，计算机对汉字信息的处理过程实际上是各种汉字编码间的转换过程。

① 汉字输入码。为把汉字输入到计算机而编制的代码称为汉字输入码，也称外码。目前流行的汉字输入码的编码方案很多，常用的有区位码、智能 ABC 输入法、微软拼音、全拼、郑码、五笔字型等。无论采用哪种输入码输入汉字，在计算机内都必须要将它们转换成对应的内码方能进行存储、显示、传输和打印。

② 国标码。国标码是用于汉字信息处理系统之间或与通信系统之间进行信息交换的汉字代码，又称汉字信息交换码。我国 1981 年颁布了国家标准——《信息交换用汉字编码字符集基本集》，代号为 GB2312—1980，即国标码。

国标码规定了进行一般汉字信息处理时所用的 7445 个字符编码。其中包括 682 个非汉字图形字符（如序号、数字、罗马数字、英文字母、日文假名、俄文字母、汉语拼音等）和 6763 个汉字的代码。汉字代码又分为一级常用字（3755 个）和二级次常用字（3008 个）。一级常用汉字按汉语拼音字母顺序排列，二级次常用汉字按偏旁部首排列，部首顺序依据笔画的多少排序。

由于一个字节只能表示 256 种编码，显然一个字节不可能表示汉字的国标码，所以一个国标码必须用两个字节来表示。

为了中英文兼容，GB2312—1980 中规定，国标码中的所有汉字和字符的每个字节的编码范围与 ASCII 码中的 94 个字符编码相一致，所以，其编码范围为 2121H ~ 7E7EH。

类似于英文字符的 ASCII 码表，汉字也有一张国标码表。简单地说，是把 7445 个国标码放置在一个 94 行×94 列的阵列中。阵列的每一行称为一个汉字的"区"，用区号表示；每一列称为一个汉字的"位"，用位号表示。显然，区号范围是 1 ~ 94，位号范围也是 1 ~ 94。这样，一个汉字在表中的位置就可用它所在的区号和位号来确定。一个汉字的区号与位号的组合就是该汉字的"区位码"。区位码的形式是高两位为区号，低两位为位号。如"中"字的区位码是 5448，即 54 区 48 位。区位码与每个汉字之间具有一一对应的关系。

③ 汉字内码。汉字内码是为在计算机内部对汉字进行存储、处理和传输而编制的汉字代码，内码也用 2 个字节存储，并把每个字节的最高二进制位置"1"作为汉字内码的标识，以免与单字节的 ASCII 码产生歧义。如果用十六进制来表述，就是把汉字国标码的每个字节上加一个 80H（即二进制数 10000000）。所以汉字的国标码与其内码有下列关系：

汉字的内码=汉字的国标码+8080H。

例如，已知"中"字的国标码为 5650H，则根据上述公式可得：

"中"字的内码="中"字的国标码 5650H+8080H=D6D0H。

④ 输出码。通过分析汉字的字形，就可得到汉字字形的字模数据，这些数据可以用点阵或矢量函数的方式表示出来。当用数据点阵来表示汉字字形时，这个汉字字形数据点阵就称为汉字的字形码，也称为字模码，它是汉字在计算机屏幕或打印机上的输出形式。根据输出汉字的要求不同，点阵的点数多少也有所不同。简易型汉字是 16×16 点阵，提高型汉字是 24×24 点阵、32×32 点阵和 48×48 点阵。点阵越大，显示或打印出来的汉字质量就越高，所需的存储空间也就越多。由于点阵汉字所占存储空间庞大，因此点阵汉字只能构成"字库"，

而不能用于机内存储汉字。"字库"中存储每个汉字的点阵代码，当显示输出需要时才到"字库"中检索，以找出相应的汉字并输出到屏幕（或打印机）上。用矢量函数的方式得到的字库被称为矢量字库。

从汉字代码转换的角度来看，一般可以把汉字信息处理系统抽象为一个结构模型，如图 1-19 所示。

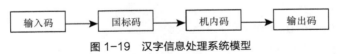

图 1-19　汉字信息处理系统模型

计算机还可以处理图形、图像、视频、声音等信息，其过程更为复杂，涉及的概念也更多，这里就不再详述。但要强调的是，这些信息在机器内部的表示、处理也是通过二进制数来进行的。

本章习题

一、名词解释

1. 机内码
2. 编译方式
3. 汇编语言
4. 存储容量
5. 补码

二、填空题

1. _____是指专门为某一应用目的而编制的软件。
2. 在微型计算机中 1kB 表示的二进制位数是_____。
3. 采用大规模或超大规模集成电路的计算机属于第_____代计算机。
4. CPU 的中文意义是_____。
5. 微型计算机硬件系统是由 CPU、_____和输入输出设备组成的。
6. 影响一台计算机性能的关键部件是_____。
7. 把存储在硬盘上的程序传送到指定的内存区域中，这种操作称为_____。
8. 计算机的发展趋势是_____、微型化、网络化和智能化。
9. 在 CD-ROM、内存储器、软盘和硬盘存储器中，存取速度最快的是_____。
10. 计算机能够直接执行的程序是_____程序。
11. 鼠标器是当前计算机中常用的_____。
12. 用高级程序设计语言编写的程序称为源程序，它具有良好的可读性和_____性。
13. 内存中存放的是当前正在执行的_____和所需的数据。
14. 电子计算机的工作原理可概括为_____和程序控制。
15. 为方便记忆、阅读和编程，把机器语言进行符号化，相应的语言称为_____。
16. 在分辨率、重量、像素的点距和显示器的尺寸这几项中，不属于显示器主要技术指标的是_____。
17. 标准 ASCII 码字符集共有_____个编码。
18. 硬盘在_____内，它是主机的组成部分。

19. 为解决某一特定问题而设计的指令序列称为_____。

20. 内存储器中每一个存储单元被赋予唯一的一个序号，该序号称为_____。

三、选择题

1. 在下列字符中，其 ASCII 码值最小的一个是_____。

    A. 空格字符   B. 0   C. A   D. a

2. 下列叙述中，错误的是_____。

    A. 内存储器一般由 ROM 和 RAM 组成

    B. RAM 中存储的数据一旦断电就全部丢失

    C. CPU 可以直接存取硬盘中的数据

    D. 存储在 ROM 中的数据断电后也不会丢失

3. 在十六进制数 CD 等值的十进制数是_____。

    A. 204   B. 205   C. 206   D. 203

4. 汉字的国标码用 2 个字节存储，其每个字节的最高位的值分别为_____。

    A. 0，0   B. 0，1   C. 1，0   D. 1，1

5. 要存放 10 个 24×24 点阵的汉字字模，需要_____存储空间。

    A. 72B   B. 320B   C. 720B   D. 72KB

6. 十进制数 50 转换成无符号二进制整数是_____。

    A. 110110   B. 110100   C. 110010   D. 110101

7. 一个汉字的机内码与其国标码之间的差是_____。

    A. 2020H   B. 4040H   C. 8080H   D. A0A0H

8. 下列度量单位中，用来度量计算机网络数据传输速率（比特率）的是_____。

    A. MB/s   B. MIPS   C. GHz   D. Mbit/s

9. 用高级程序设计语言编写的程序，要转换成等价的可执行程序，必须经过_____。

    A. 汇编   B. 编辑   C. 解释   D. 编译和链接

10. 下列等式中正确的是_____。

    A. 1KB=1024×1024B   B. 1MB=1024B

    C. 1KB=1024MB   D. 1MB=1024×1024B

11. 在现代的 CPU 芯片中又集成了高速缓冲存储器（Cache），其作用是_____。

    A. 扩大内存储器的容量

    B. 解决 CPU 与 RAM 之间的速度不匹配问题

    C. 解决 CPU 与打印机的速度不匹配问题

    D. 保存当前的状态信息

12. 为了避免混淆，十六进制数在书写时常在后面加上字母_____。

    A. H   B. O   C. D   D. B

13. 下列各组软件中，完全属于系统软件的一组是_____。

    A. Unix，WPS Office 2010，MS-DOS

    B. AutoCAD，Photoshop，PowerPoint 2000

    C. Oracle，Fortran 编译系统，系统诊断程序

    D. 物流管理程序，Sybase，Windows 2007

14. 下列各类计算机程序语言中，不属于高级程序设计语言的是_____。

A. Visual Basic B. Fortran 语言 C. Pascal 语言 D. 汇编语言

15. 能使小键盘区在编辑功能和光标控制功能之间转换的按键是_____。

    A. Insert B. Page Up C. Caps Lock D. Num Lock

16. 下列设备组中，完全属于计算机输出设备的一组是_____。

    A. 喷墨打印机，显示器，键盘 B. 激光打印机，键盘，鼠标器

    C. 键盘，鼠标器，扫描仪 D. 打印机，绘图仪，显示器

17. 微型计算机普遍采用的字符编码是_____。

    A. 原码 B. 补码 C. ASCII 码 D. 汉字编码

18. 下列不属于微机主要性能指标的是_____。

    A. 字长 B. 内存容量 C. 软件数量 D. 主频

19. 微型计算机的硬件系统中最核心的部件是_____。

    A. 内存储器 B. 输入输出设备 C. CPU D. 硬盘

20. 某单位的工资管理软件属于_____。

    A. 工具软件 B. 应用软件 C. 系统软件 D. 编辑软件

四、简答题

1. 什么是计算机？计算机的特点是什么？

2. 请结合你学习和生活中的实际情况，列举计算机的应用实例。

3. 简述在计算机内部为什么要采用二进制表示信息。

4. 简述键盘常用控制键的使用方法。

5. 常见的进制有哪些？它们是如何相互转换的？

6. 计算机由哪几部分组成？它们各自的功能是什么？

7. 什么是计算机硬件和软件？

8. 什么是机器语言、汇编语言和高级语言？

PART 2

第 2 章
Windows 7 操作系统

操作系统是现代计算机系统不可缺少的重要组成部分，它用来管理计算机的系统资源，控制程序运行，改善人机界面，为其他应用软件提供支持，使计算机系统所有资源最大限度地发挥作用，为用户提供方便的、有效的、友善的服务界面。有了操作系统，计算机的操作变得十分便捷、高效。当前，微软公司开发的 Windows 系列操作系统是微型计算机使用的主流操作系统。

2.1　操作系统简介

早期计算机的工作方式是"独占"系统的，从程序数据的输入、运行，到结果的输出，都只能有一个用户使用计算机。由于中央处理器（CPU）速度很快，而外部设备的输入、输出速度很慢，CPU 大部分时间是空闲的。为解决计算机的利用率低下的问题，操作系统出现了。

操作系统是最基本的系统软件，通过它可以最大限度的发挥计算机各个组成部分的作用。计算机的系统资源分为 4 类：处理器、存储器、输入/输出设备和文件。操作系统的作用就是使计算机系统中所有软硬件资源协调一致，有条不紊地工作，解决用户之间、任务之间因争夺资源而发生的矛盾，以提高计算机系统的使用效率，并为用户提供方便的操作环境。

2.2　操作系统的含义

操作系统是管理软硬件资源、控制程序执行，改善人机界面，合理组织计算机工作流程和为用户使用计算机提供良好运行环境的一种系统软件。计算机系统不能缺少操作系统，正如人不能没有大脑一样，而且操作系统的性能在很大程度上直接决定整个计算机系统的性能。操作系统直接运行在裸机上，是对计算机硬件系统的第一次扩充。在操作系统的支持下，计算机才能运行其他的应用软件。从用户的角度看，操作系统加上计算机硬件系统形成一台虚拟机（通常广义上的计算机），它为用户构成了一个方便、有效、友好的使用环境。因此可以说，操作系统不但是计算机硬件与其他软件的接口，而且也是用户和计算机的接口。操作系统在计算机系统中的地位如图 2-1 所示。

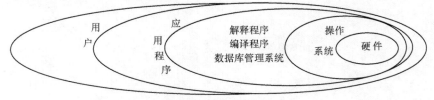

图 2-1　操作系统地位

2.3 操作系统的功能

操作系统作为计算机系统的管理者，它的主要功能是对系统所有的软硬件资源进行合理而有效的管理和调度，提高计算机系统的整体性能。一般而言，引入操作系统有两个目的。第一，从用户角度来看，操作系统将裸机改造成一台功能更强、服务质量更高、用户使用起来更加灵活方便、安全性能更加可靠的虚拟机，以使用户无需了解更多有关硬件和软件的细节就能使用计算机，从而提高用户的工作效率。第二，为了合理地使用系统内包含的各种软硬件资源，提高整个系统的使用效率。具体地说，操作系统具有处理器管理、存储管理、设备管理、文件管理和作业管理等功能。

1. 处理器管理

处理器管理也称进程管理。进程是一个动态的过程，是执行起来的程序，是系统进行资源调度和分配的一个独立单位。

进程与程序的区别，有以下4点。

① 程序是"静止"的，它描述的是静态指令集合及相关的数据结构，所以程序是无生命的；进程是"活动"的，它描述的是程序执行起来的动态行为，所以进程是有生命周期的。

② 程序可以脱离机器长期保存，即使不执行的程序也是存在的。进程是执行着的程序，当程序执行完毕，进程也就不存在了。进程的生命是暂时的。

③ 程序不具有并发特征，不占用CPU、存储器及输入/输出设备等系统资源，因此不会受到其他程序的制约和影响。进程具有并发性，在并发执行时，由于需要使用CPU、存储器及输入/输出设备等系统资源，因此受到其他进程的制约和影响。

④ 进程与程序不是一一对应的。一个程序多次执行，可以产生多个不同的进程。一个进程也可以对应多个程序。

进程在其生存周期内，由于受资源制约，使其执行过程是间断的，因此进程状态也是不断变化的。一般来说，进程有3种基本状态。

① 就绪状态。进程已经获取了除CPU之外所必需的一切资源，一旦分配到CPU，就可以立即执行。

② 运行状态。进程获得CPU及其他一切所需的资源，正在运行。

③ 等待状态。由于某种资源得不到满足，进程运行受阻，处于暂停状态，等待分配到所需资源后，再投入运行。

操作系统对进程的管理主要体现在调度和管理进程从"创生"到"消亡"整个生存周期过程中的所有活动，包括创建进程、转变进程的状态、执行进程和撤销进程等操作。

2. 存储管理

存储器是计算机系统中存放各种信息的主要场所，因而是系统的关键资源之一，能否合理、有效地使用这种资源，将在很大程度上影响到整个计算机系统的性能。操作系统的存储管理主要是对内存的管理。除了为各个作业及进程分配互不发生冲突的内存空间、保护放在内存中的程序和数据不被破坏外，还要组织最大限度的共享内存空间，甚至将内存和外存结合起来，为用户提供一个容量比实际内存大得多的虚拟存储空间。常用的存储器分配管理技术有单一连续存储区管理、分区式分配、覆盖和交换、分页存储管理、分段存储管理、段页式存储管理等。

3. 设备管理

外部设备是计算机系统中完成和人及其他系统间进行信息交流的重要资源，也是系统中最具多样性和变化性的部分。设备管理是负责对接入本计算机系统的所有外部设备进行管理。其主要管理项目包括设备分配、控制设备运行、进行缓冲存储区管理、处理设备故障等。常采用缓冲、中断、通道和虚拟设备等技术尽可能地使外部设备和主机并行工作，解决快速 CPU 与慢速外部设备的矛盾，使用户不必涉及具体设备的物理特性和具体控制命令就能方便、灵活地使用这些设备。

4. 文件管理

计算机中存放着成千上万的文件，这些文件保存在外存中，但处理是在内存中进行的。对文件的组织管理和操作都是由被称之为文件系统的软件来完成的。文件系统由文件、管理文件的软件和相应的数据结构组成。文件管理支持文件的建立、存储、检索、调用和修改等操作，解决文件的共享、保密和保护等问题，并提供方便的用户界面，使用户能实现对文件的按名存取，而不必关心磁盘上的存放细节。

5. 作业管理

作业管理负责对作业的执行情况进行系统管理，包括作业的组织，作业的输入/输出，作业调度和作业控制等。在操作系统中，作业是指用户在一次上机算题过程中或一次事务处理过程中，要求计算机系统所做工作的集合。作业管理中提供一个作业控制语言供用户书写作业说明书，同时还为操作员和终端用户提供与系统对话的命令语言，并根据不同的系统要求，制定各种相应的作业调度策略，使用户能够方便地运行自己的作业，以便提高整个系统的运行效率。

2.4 操作系统的发展

2.4.1 操作系统的发展阶段

操作系统的发展历程和计算机硬件的发展历程密切相关。从 1946 年诞生第一台电子计算机以来，计算机的每一代进化都以减少成本、缩小体积、降低功耗、增大容量和提高性能为目标，随着计算机硬件的发展，同时也加速了操作系统的形成和发展。

1976 年，美国 DIGITAL RESEARCH 软件公司研制出 8 位的 CP/M 操作系统。这个系统允许用户通过控制台的键盘对系统进行控制和管理，其主要功能是对文件信息进行管理，以实现硬盘文件或其他设备文件的自动存取。此后出现的一些 8 位操作系统多采用 CP/M 结构。计算机操作系统的发展经历了两个阶段。第一个阶段为单用户、单任务的操作系统，继 CP/M 操作系统之后，还出现了 C-DOS、M-DOS、TRS-DOS、S-DOS 和 MS-DOS 等磁盘操作系统。其中值得一提的是 MS-DOS，它是在 IBM-PC 及其兼容机上运行的操作系统，它起源于 SCP86-DOS，是 1980 年基于 8086 微处理器而设计的单用户操作系统。后来，微软公司获得了该操作系统的专利权，配备在 IBM-PC 上，并命名为 PC-DOS。1981 年，微软的 MS-DOS 1.0 版与 IBM 的 PC 面世，这是第一个实际应用的 16 位操作系统。从此，微型计算机进入了一个新纪元。1987 年，微软发布的 MS-DOS 3.3 版本是非常成熟可靠的 DOS 版本，微软据此取得个人操作系统的霸主地位。

随着社会的发展，早期的单用户操作系统已经远远不能满足用户的要求，各种新型的现代操作系统犹如雨后春笋一样出现了。现代操作系统是计算机操作系统发展的第二个阶段，它是以多用户多道作业和分时为特征的系统。其典型代表有 UNIX、Windows、Linux、OS/2 等操作系统。当前，微软的 Windows 操作系统是跨世纪最辉煌的操作系统。从 1985 年微软发布 Windows 1.0 开始，Windows 经历了多次重大升级，依次是 Windows 3.1、98、XP、Vista，2009 年 10 月，微软正式发布了 Windows 7，这是具有革命性变化的操作系统，它为用户提供了更为美观、友好的操作界面，与其他硬件设备及应用软件的兼容性更好，支持"即插即用"，具有强大的多媒体功能和网络功能，系统的性能更加安全、稳定。

2.4.2 操作系统的分类

操作系统可以按照不同的方式进行分类。例如，根据用户数目的多少，可分为单用户操作系统和多用户操作系统；根据操作系统所依赖的硬件规模，可分为大型机操作系统、中型机操作系统、小型机操作系统和微型机操作系统。从应用的角度，可分为微机操作系统、网络操作系统、智能手机操作系统。从操作系统的功能出发进行分类是通常采用的分类方法。按照操作系统的功能划分，可把操作系统分为三大类：多道批处理操作系统（简称多道批处理系统）、分时操作系统（简称分时系统）和实时操作系统（简称实时系统）。

1. 多道批处理系统

多道批处理系统包含两个方面的内容：其一是多道程序系统，其二是批处理系统。

多道程序系统是指在计算机内存中同时存放多个作业，它们在操作系统的控制之下并发运行。与此同时，在外存中还存放有大量的作业，并组成一个后备的作业队列。系统按照一定的调度原则每次从后备队列中选取一个或多个作业调入内存运行，作业运行结束时退出内存。整个过程均由系统自动完成，从而在系统中形成了一个自动转接的、连续的作业流。

批处理系统，顾名思义就是成批处理一些程序的系统。它是指系统为用户提供一种脱机操作方式，即用户与作业之间没有交互功能，作业一旦进入系统，用户就不能直接干预或控制作业的运行。

在多道批处理系统中，计算机的利用率比较高。由于作业的输入和调度等完全由系统控制，并且系统允许几道程序同时运行，因此，只要合理地搭配作业（例如，挑选一个计算量大的作业和一个 I/O 量大的作业相匹配，有助于更有效地提高处理器和外部设备的并行效率），就可以充分利用系统的资源。

由于多道批处理系统不提供交互作用的工作方式，因而给用户的使用带来了很大不便。例如，用户不能够直接观察并控制程序的运行，不能及时获得程序运行的结果，不能随时进行调试和纠错。

2. 分时系统

分时系统的主要目的是为了方便用户使用计算机系统，并尽可能地提高系统资源的利用率。

分时系统通常由一台主机及若干台终端组成，主机与终端通过线路相连。终端由显示器、键盘和通信部件组成。用户可以通过键盘向主机发送数据，由显示器显示主机发回来的数据。需要注意的是，终端不是计算机，它不具备计算能力。

每个用户使用一台终端，通过终端向主机提交一条命令，由主机执行该命令，并将执行的结果发送给该终端显示器。用户根据看到的执行结果决定下一步的操作。

由于存在多个终端，所以主机可能同时得到 N 个终端用户发送的 N 条命令。此时，主机以分时的方式执行这些命令。所谓的分时，是指系统将 CPU 的运行时间划分为很小的时间段，每个时间段称为一个时间片。系统将 CPU 的运行时间按照时间片的大小轮流分配给各个终端，每个终端只运行一个极短的时间片。由于主机的速度很快，时间片很短，因而使得每个用户感觉到自己"独占"了一台计算机。

分时系统的优点如下。

① 分时系统使用户能在较短的时间内采用交互会话工作方式，及时输入、调度、修改和运行自己的程序，因而缩短了解题周期。

② 无论是本地用户，还是远程用户，只要有一台终端与计算机相连，就可以随时随地使用计算机，共享计算机的丰富的资源。

③ 本地用户和远程用户均可通过系统中的文件系统彼此交流信息和共享各种文件。

3. 实时系统

实时系统是一种对事件能够及时处理的系统，当事件产生的同时，就能以足够快的速度予以处理，其处理结果在时间上又来得及控制被监测或被控制的对象。

实时系统通常分为实时过程控制系统和实时信息处理系统。

（1）实时过程控制系统

实时过程控制系统又分为两类。一类是以计算机为控制中枢的生产过程自动化系统，如冶炼、发电、机械加工等的自动控制。在此类系统中，要求计算机能够及时采集和处理现场信息，控制相关的执行装置，使得某些参数，如温度、压力等按一定规律变化，从而达到实现生产过程自动化的目的。另一类是对飞行物体的自动控制，如飞机、导弹、人造卫星的控制等。此类系统要求反应速度快（通常要求系统的响应时间在毫秒甚至微秒级内），可靠性高。

（2）实时信息处理系统

实时信息处理系统通常需要有文件系统，事先存有经过合理组织的大量数据，它能及时响应来自终端用户的服务请求，如进行信息的检索、存储、修改、更新、加工、删除等操作，并能在短时间内给用户正确的回答。如图书检索、飞机票预订、网上银行等都属于此类系统。此类系统除要求响应及时外，还要求有较高的可靠性、安全性和保密措施等。

实时系统具有如下主要特点。

① 对外部进入系统的信号或信息能够做到实时响应。

② 实时系统较一般的通用系统有规律，许多操作具有一定的可预计性。

③ 实时系统的终端一般作为执行和询问使用，不具有分时系统那样较强的会话能力。

④ 实时系统对安全性和可靠性要求较高，常采用双工工作方式。

2.4.3　操作系统的发展方向

1. 网络操作系统

网络操作系统是用户与计算机网络之间的一个接口，除了具备通常的操作系统所应该具有的功能之外，还应该具有联网功能，支持网络系统结构和各种网络通信协议，提供各种网络互联功能，支持有效、安全的数据传输。随着网络技术的不断发展，新的网络操作系统还会不断出现，用户将会有更大的选择空间。

2. 分布式操作系统

分布式操作系统通过高速互联网络将许多台计算机连接起来形成一个统一的计算机系统，可以获得极高的运算能力及广泛的数据共享。分布式操作系统的特征是：统一性，即它是一个统一的操作系统；共享性，即所有的分布式系统中的资源是共享的；透明性，其含义是用户并不知道分布式系统是运行在多台计算机上，在用户眼里整个分布式系统像是一台计算机，对用户来讲是透明的；自治性，即处于分布式系统的多个主机都可独立工作。

3. 嵌入式操作系统

嵌入式操作系统就是指嵌入式系统中的操作系统。嵌入式操作系统是运行在嵌入式智能芯片环境中，对整个智能芯片，以及它所操作、控制的各种部件装置等资源进行统一协调、调度、指挥和控制的系统软件。自从嵌入式操作系统诞生以来，它以其微型化、可定制性、实时性、可靠性和易移植性受到了广泛欢迎，想必它的发展空间也是无限的。

4. 并行操作系统

相对于串行计算机系统而言，将能够同时执行多个任务或多条指令或同时对多个数据项进行处理的计算机系统称为并行系统。随着计算机技术的发展，现代计算机均具有不同程度的并行性。并行处理计算机主要指以下两种类型的计算机：①能同时执行多条指令或同时处理多个数据项的单中央处理器计算机；②多处理机系统。

2.5 Windows 7 操作系统的管理和使用

Windows 7 共有 6 个版本，分别为 Starter（初级版）、Home Basic（家庭普及版）、Home Premium（家庭高级版）、Professional（专业版）、Enterprise（企业版）和 Ultimate（旗舰版）。

Windows 7 入门版（Starter）是 Windows 7 功能最少的版本；不包含 Windows Aero 主题、不能更换桌面背景且不支持 64 位核心架构，系统存储器最大支持 2GB。这个版本经由系统制造商预装在机器上。

Windows 7 家庭普通版（Home Basic）主要针对中、低级的家庭计算机，Windows Aero 功能在这个版本中不开放。Windows 7 家庭高级版（Home Premium）主要是针对家用主流计算机市场而开发的版本，是微软在零售市场中的主力产品，包含各种 Windows Aero 功能，Windows Media Center 还有一触控屏幕的控制功能。

Windows 7 专业版（Professional）包含了家庭高级版的所有功能，新增了远程桌面服务器、位置识别打印、加密的文件系统、展示模式、软件限制方针及 Windows XP 模式，向计算机热爱者及小企业用户开放。

Windows 7 企业版（Enterprise）主要对象是企业用户及其市场，满足企业数据共享、管理、安全等需求。包含多语言包、WIX 应用支持、BitLocker 驱动器加密、分支缓存（Branch Cache）等，通过与微软有软件保证合同的公司进行批量许可出售，不在 OEM 和零售市场发售。

Windows 7 旗舰版（Ultimate）与企业版的功能几乎完全相同，仅仅在授权方式及其相关应用及服务上有区别，面向高端用户和软件爱好者。家庭高级版及专业版的用户，若是希望升级到旗舰版，可使用 Windows Anytime Upgrade 升级。

2.5.1 正确启动与关机

1. 启动

打开显示器和主机电源，计算机会自动进行检测和加载，然后显示启动画面，如果是单用户且没有设置密码，就直接进入如图 2-2 所示的 Windows 7 的主界面。

如果是多用户，则首先进入如图 2-3 所示的多用户登录界面，此时需选择用户。若用户设置了密码，还需输入正确的密码（单用户若设置密码与此相同），才能进入如图 2-2 所示的主界面。

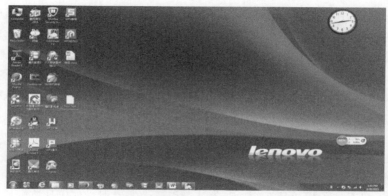

图 2-2　桌面

图 2-3　登录界面

2. 关机

① 关机。单击"开始"|"关机"按钮，即可退出 Windows 系统。若单击"关机"按钮后，系统中还有未关闭的应用程序，系统会弹出提示信息框，提示用户是否强制结束程序的运行。在结束了所有程序的运行后才能完全退出系统。

② 切换用户。单击"开始"|"关机"按钮旁的小箭头，弹出"关机菜单"，如图 2-4 所示。

单击该菜单上的"切换用户"命令，可以使计算机在当前用户所运行的程序和文件仍然打开的情况下，允许其他用户进行登录。此功能用于多个用户共享一台计算机的情况。

图 2-4　关机菜单

③ 注销。单击如图 2-4 所示的"注销"命令，将关闭当前用户的所有运行程序，系统恢复到初始状态，此时又重新回到如图 2-3 所示的登录画面（单用户且未设置密码的用户也回到此画面）。

注意　　当系统不能正常运行应用程序时，可采用注销用户的方式使计算机恢复运行。

④锁定。单击如图 2-4 所示的"锁定"命令，可使计算机在用户不退出系统的情况下，将计算机返回到用户登录界面。这时要想返回到原使用状态，需重新登录这个用户，但也可以切换到其他用户。暂时离开计算机，又不想或不便于关机，或者不想让别人看到自己所用计算机的内容，都可以锁定计算机（使用此功能时，用户应设置有密码，否则就没意义了）。

⑤ 重新启动。单击如图 2-4 所示的"重新启动"命令，计算机将保存更改过的所有 Windows 设置，并将当前存储在内存中的全部信息写入硬盘，然后重新启动计算机，这种启

动方式也常称之为"热启动"。当计算机系统出现不正常时，可采用热启动来重启计算机。

⑥ 睡眠。单击如图 2-4 所示的"睡眠"命令，计算机进入睡眠状态。此时屏幕无显示，但主机又保持着立即可用的状态，系统并未退出，计算机只是处于低消耗状态，可随时通过移动鼠标、按下键盘任意键或主机电源按钮进行唤醒，恢复到待机前的工作状态。但由于 CPU 和内存在睡眠状态时仍需要通电，一旦主机断电，则睡眠状态立即中断，所有内存中未保存的数据将会丢失。

⑦ 休眠。单击如图 2-4 所示的"休眠"命令，计算机进入休眠状态。此时计算机会将内存中的所有数据自动保存到硬盘中，然后关机。下次一开机，就会进入到休眠前的工作状态。它与睡眠不同的是可以完全断电，但却需要占用硬盘相同于内存容量的存储空间。

⑧ 强制关机。当计算机出现"死机"等意外情况，无法用鼠标按正常步骤关机时，可按住主机电源开关片刻（10s 左右），待主机关闭后再关闭外部设备电源即可。强制关机是非正常关机，将会丢失数据和信息，不到万不得已不要使用。

2.5.2 Windows 7 操作方式与桌面组成

1. 鼠标与键盘的操作

（1）鼠标的操作

Windows 操作系统是图形界面操作系统，它最大的操作特点之一就是使用鼠标进行操作。鼠标作为计算机输入设备，代替从键盘输入烦琐的命令，它的使用使计算机操作变得更加简便。

鼠标在操作中是以指针标识鼠标的位置，当鼠标指向不同对象时会出现不同的指针，在不同的状态下也会显示不同的指针，见表 2-1。

表 2-1　鼠标形态与功能

鼠标指针	鼠标指针的形状	功　　能
标准选择指针	⤡	用于选择对象、窗口、文件、文件夹等
文本选择指针	I	在编辑文件时，用于定位光标、进行文本的输入和选择
后台运行指针	⤡⧗	系统正在进行某种操作，要求用户等待
系统忙指针	⧗○	表示系统正忙，需要等待
双向箭头指针	↕ ↔ ⤢ ⤡	用于调整窗口的大小
移动指针	✛	用于移动所选对象
手型指针	☝	用于选择超级链接
不可用指针	⊘	当前操作无效

鼠标一般有两个按键：左键和右键。大多数鼠标在按钮之间还有一个"滚轮"，帮助用户自如地滚动文档和网页。在有些鼠标上，按下滚轮可以用作第三个按钮。高级鼠标可能有执行其他功能的附加按钮。

大部分鼠标使用时通过指向、点击按钮和拖动几种方式进行操作。指向某对象是移动鼠标指针，使其接触到对象，在 Windows 7 操作系统中，当指针指向某对象 A 时，会出现描述该对象的小框。

点击按钮包括单击、双击、右击。将鼠标指向屏幕上的对象，按下并释放左键为单击。

大多数情况下使用单击来"选择"对象或打开菜单。将鼠标指向屏幕上的对象，然后快速地单击两次，称为双击，经常用于启动程序或打开文件夹。如果两次单击间隔时间过长，就可能被认为是两次独立的单击。将鼠标指向屏幕上的对象，按下并释放右键为右击，多数情况下会弹出快捷菜单供选择。

拖动对象，是将鼠标指向屏幕上的对象，按住鼠标左键按钮，将该对象移动到新位置，然后释放鼠标左键。拖动（有时称为"拖放"）通常用于将文件和文件夹移动到其他位置，以及在屏幕上移动窗口和图标。

（2）键盘的操作

Windows 7 也可使用键盘进行一些操作，系统提供了一些快捷键，使操作更加灵活。常用的快捷键见表 2-2。

表 2-2　常用快捷键

快　捷　键	功　　能
Alt+F4	关闭打开的应用程序或其他窗口
Ctrl+Esc	打开"开始"菜单
Alt+Tab	在打开的应用窗口之间切换
Enter	确认操作
Esc	取消操作
Alt+Print Screen/sysRQ	复制活动窗口到剪贴板
Ctrl+C/X	复制/剪切选定对象到剪贴板
Ctrl+V	将剪贴板内容粘贴到当前位置

2. 桌面的组成与操作

桌面是计算机屏幕上的工作区域，当 Windows 7 操作系统成功登录后，整个屏幕即为桌面。桌面主要由桌面背景、桌面图标及任务栏组成，如图 2-5 所示。

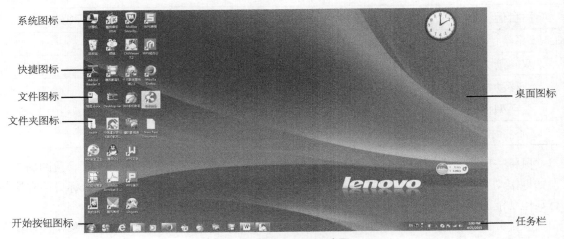

图 2-5　Windows 7 桌面

（1）桌面的背景和图标

桌面背景也称墙纸、壁纸，是显示在桌面上的图片或动画。用户可根据个人喜好设置背景图片和效果。

每个桌面图标代表一个对象，如应用程序、快捷方式、文件与文件夹等。其中，左下角带有粗箭头的图标是快捷方式图标。双击图标就可以打开相应的对象，并查看其内容。系统预置的图标主要有"计算机""回收站"等。"计算机"是系统文件夹，用来对计算机的硬件资源、文件夹及文件进行管理。"回收站"用于存放临时删除的文件夹或文件等，当确认不再需要时，可以彻底地从计算机上删除。用户可根据自己的喜好更改放在桌面上的图标，因此桌面上的图标的多少是动态变化的。

（2）桌面的操作

桌面操作主要涉及图标的操作、任务栏的使用、开始菜单的使用。

图标的操作。图标因所标识对象不同而分为不同的类型，如文件夹图标、应用程序图标、快捷方式图标和驱动器图标等。

移动图标：用鼠标指向图标，然后拖动到目标位置即可，该操作既可在桌面上，也可在窗口中进行。

双击图标：若是应用程序图标，将启动相应的应用程序；若是文件夹图标，将打开文件夹窗口；若是文档文件图标，将启动创建该文档的应用程序并打开该文档。

图标更名：右击图标，从快捷菜单中选择"重命名"命令。

删除图标：右击图标，从快捷菜单中选择"删除"命令，在出现的"删除确认"对话框件，选择"是"按钮；或直接把图标移动进"回收站"图标上，当回收站图标反显时释放鼠标。

排列图标：当桌面的图标较多时，用户可以按照一定的规律对图标进行排列。方法是右击桌面空白处，从弹出的快捷菜单中选择"排序方式"命令，在出现的级联菜单中，可单击 4个选项"名称""大小""项目类型""修改日期"中的一项来排列图标，如图 2-6 所示。

隐藏图标：有些图标如果不希望在桌面上显示，可右击桌面空白处，从快捷菜单中选择"查看"命令，在出现的如图 2-7 所示的级联菜单中，单击"显示桌面图标"选项。该选项是个开关选项，默认为显示桌面图标，单击该项后就取消原先的选择，桌面不再显示图标，若再次单击，则又恢复原先选择，桌面又显示图标。

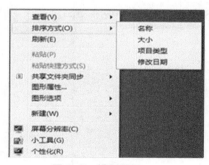

图 2-6　排列图标

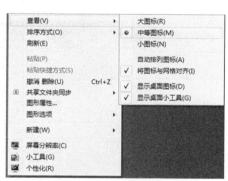

图 2-7　查看级联菜单

（3）任务栏的操作

任务栏是位于桌面底部的水平长条，包括"开始"按钮、快速启动区、任务按钮区、语言栏、系统通知区、时钟，如图 2-8 所示。

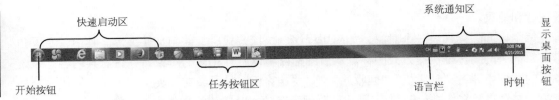

图 2-8　任务栏

开始按钮：用以打开"开始"菜单。另外直接按【Windows 徽标】键或按【Ctrl+Esc】组合键也可打开开始菜单。

快速启动区：用于显示常用应用程序图标。

任务按钮区：用于显示正在运行的应用程序图标。

语言栏：显示输入法相关内容，如当前正在使用的输入法、语言栏帮助。语言栏可以从任务栏弹出或还原缩小至任务栏。

系统通知区：提供诸如网络连接、电池、系统更新、扬声器、日期和时间等事件的状态和内存中已经加载的应用程序图标。通知区域图标有三种行为：显示图标和通知、隐藏图标和通知、仅显示通知。通常系统默认隐藏图标和通知，用鼠标单击按钮 ▲ 可查看隐藏的图标和通知。

显示桌面按钮：将鼠标指针指向该按钮，系统将所有打开的窗口都隐藏，只显示窗口的边框。单击该按钮，所有打开的窗口都会最小化。再次单击该按钮，则最小化的窗口会恢复显示。

3.窗口的组成与操作

（1）窗口的组成

窗口是系统提供给用户用于程序操作的交互平台，每打开一个文件夹，每打开一个文件，每运行一个程序，都会在桌面上显示一个对应的窗口。用户可以同时打开多个窗口，但只有一个窗口是当前活动窗口。由于操作的对象不同，对应的窗口的组成也存在一定的差异，但主要组成架构基本相同。这里采用"计算机"窗口为例，如图 2-9 所示，介绍窗口的组成与基本操作。

图 2-9　"计算机"窗口

Windows 窗口上部一般包括标题栏、菜单栏、工具栏、地址栏、最大化按钮、最小化按钮、关闭按钮等，窗口底部通常有状态栏。滚动条一般存在于主窗口，分为垂直与水平滚动条两种，用于当窗口不能全部显示其包含的内容时显示其窗口外的内容。

（2）窗口的操作

STEP 1 改变窗口大小。使用最大最小化按钮可以使窗口最大化为整个桌面或最小化到任务栏上的一个图标。使用鼠标拖动窗口边框也可以改变窗口的大小。当把鼠标置于窗口四边与四角时，鼠标指针变成双向箭头，此时拖动鼠标可沿拖动方向改变窗口大小。

STEP 2 移动与关闭窗口。将鼠标移动到窗口标题栏，鼠标指针变形了 ⃗ 时，按住鼠标左键拖动窗口到预定位置，松开鼠标完成移动操作。

关闭窗口的方式有多种：

使用关闭按钮关闭窗口；

使用快捷组合键【Alt+F4】关闭窗口；

选择"文件"菜单下的"关闭"命令关闭窗口；

单击标题栏左侧打开控制菜单，使用"关闭"命令关闭窗口。

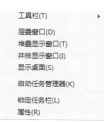

STEP 3 排列窗口。Windows 允许同时打开多个窗口，其中位于最上层的窗口称为活动窗口。当打开的窗口较多且没有最小化时，有三种排列窗口的方式：并列、堆叠、层叠。在任务栏上右击鼠标会弹出三种排列方式菜单，如图 2-10 所示。

STEP 4 切换窗口。如果有多个窗口被打开，可以按快捷键【Alt+Tab】键切换窗口，如图 2-11 所示。

图 2-10　窗口排列菜单

图 2-11　切换窗口

也可以按【Windows 徽标+Tab】键，打开 Aero 界面，重复按【Tab】键或滚动鼠标滚轮，可以切换 3D 窗口，如图 2-12 所示。

图 2-12　Aero 界面

打开不同程序的多个窗口，任务栏上有不同程序按钮图标，在任务栏上用鼠标左键点击程序按钮图标可实现窗口切换。对于同一程序打开的多个窗口会被分组到一个任务栏程序图标，当鼠标放在该按钮上时会显示所有窗口缩略图，单击某缩略图可实现窗口切换。

STEP 5 对话框。对话框是一种特殊的窗口，当程序打开一对话框实现人机交互时，需要对不同的组件进行操作，不同的对话框包含的组件不尽相同。常见的对话框如图 2-13 所示，一般包含按钮、选项卡、复选框、文本框、下拉列表、组合框（文本框与下拉列表的组合）等。

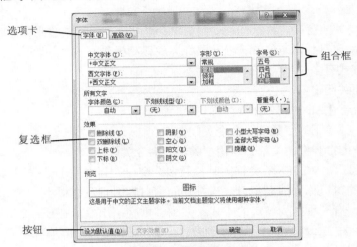

图 2-13　对话框窗口

4. 菜单操作

Windows 中，菜单包含了所有可以操作的命令。在 Windows 中有下拉式菜单、快捷菜单、级联菜单及控制菜单 4 种，其中快捷菜单上右击鼠标时弹出的菜单，控制菜单是单击窗口标题栏最左边图标弹出的菜单，级联菜单是一个菜单的子菜单。通常情况下，单击菜单标题或用 Alt+菜单标题旁的字母可以打开菜单，完成相关操作命令，单击菜单外的任意位置，可以关闭菜单。菜单中还有一些符号，在表 2-3 中进行了说明。

表 2-3　菜单符号说明

菜单符号	说　明
▶	表示菜单右侧有下级子菜单（级联菜单）
…	执行菜单命令后会弹出对话框
分隔线	用来将菜单中的命令分组
√	此复选项表示该项已起作用，再次选择时，该标记会消失
灰色命令	表示目前状态下该命令不可用

2.5.3　文件管理

1. 文件与文件夹及文件系统

文件是按一定方式存储于外部存储介质（如磁盘、光盘等）上的一组相关数据的集合。它是最小的数据组织单位。在文件中可以存放文本、图像、影音等各种信息。如同每个人都有名字一样，每一个文件都有文件名，文件名是计算机和用户识别及存取信息的标志，

Windows 7 通过文件名来识别和管理文件。

文件夹又称为目录，用于存放文件及下一级文件夹。Windows 采用树形文件夹结构对文件进行归类管理，每一个文件夹可以包含文件及下级文件夹（子文件夹），通过文件夹的树形组织将不同类型功能的文件分类存储，便于对文件进行快速查找访问。

文件系统是文件的命名、存储和组织的总体方式，所有计算机都有相应的文件系统来规定文件操作处理的各种规定和机制。Windows 7 支持 FAT32、NTFS、exFAT 三种文件格式系统。FAT32 是 FAT 简单文件系统的增强版，可以管理不大于 32GB 的硬盘分区；NTFS 是一种大容量磁盘读写与搜索文件系统，最大可管理 256TB 容量的硬盘，这种文件系统不适用于闪存盘；exFAT 是为解决 FAT32 不支持大于 4GB 文件而推出的新的文件系统，其支持的硬盘分区目前最大为 256TB，且适用于闪存盘。

2. 文件（夹）命名

Windows 7 中，文件（夹）名由主文件名和可选的扩展名组成，在文件名与扩展名之间用小数点"."隔开。在给文件命名时应遵守以下几个原则。

① 文件（夹）名可以由字母、数字、汉字或 ~、!、@、#、$、&、( )、 _、{ } 等符号组成。

② 文件名不能大于 256 个字符。

③ 扩展名可有可无，一般系统会自动给文件添加扩展名，以标示文件类型。

④ 文件名中可以有空格，可以有多个小数点，但最后一个小数点视为文件名和扩展名的分隔符。

⑤ 文件名中不能出现下字符：\、/、:、★、? 、"、<、>、|。

⑥ 文件名不区分英文字母大小写。

文件的扩展名表明了文件的类型，系统可以根据文件的扩展名的不同，打开相对应的应用程序。常见的扩展名及它们代表的文件类型见表 2-4。

表 2-4　文件的扩展名及文件类型

扩展名	文件类型	扩展名	文件类型
exe	可执行文件	wav、mp3	音频文件
doc、docx	Word 文档	bmp、jpg	图形文件
ppt、pptx	Excel 文档	txt	文本文件
xls、xlsx	Powerpoint 文档	zip、war	压缩文件
avi、rm、rmvb、mp4	视频文件	c、cpp	程序文本文件
html、htm	静态网页文件	pdf	图文多媒体文件

3. 通配符

通配符用于替代其他符号，进行文件（夹）的查找，主要有"★"号与"? "号两种。"★"号又称为字符串通配符，用来代替多个字符，a★.doc，表示以 a 打头，扩展名为 doc 的所有文件，aa.doc，abc.doc 等均可被表示。"? "又称字符通配符，用来替代一个字符，例如，a?b.doc，可表示以 a 打头，第三个字符是 b，第二个字符是任意符号的文件，acb.doc，a2b.doc 等均可被表示。

4. 资源管理器

资源管理器是 Windows 操作系统提供的资源管理工具，可以用它以树形结构的方式查看计算机中的所有的资源，进而实现对计算机资源的管理。

打开资源管理器的方法有多种：

① 选择"开始"按钮|"所有程序"|"附件"|"Windows 资源管理器"；

② 右击"开始"按钮→"Windows 资源管理器"；

③ 双击桌面"计算机"图标。

资源管理器窗口如图 2-9 所示。

资源管理器窗口与一般窗口基本相同，有标题栏，地址栏，最大化、最小化按扭，关闭按钮和内容窗口等。其中内容窗口分为左窗格和右窗格，必要时还可以打开预览窗格。左窗格显示收藏夹、库、各磁盘驱动器、网络资源等项目，每个项目相当于一个大的件夹，各项目还有 ▷或 ◢ 两种符号， ▷符号表示该项目下还有子项目，单击该符号可展开子项目， ◢ 符号表示该项目的子项目已展开，单击则收起子项目。右窗格显示当前项目的详细内容。预览窗格用于显示文档的具体内容，一般视频、图片文档才会有预览。预览窗格可以显示也可以隐藏。

5. 文件与文件夹操作

（1）文件与文件夹选择

单击文件或文件夹，即选中一个对象；双击选中的对象则可打开该文件或文件夹（只适用于一个对象，不能打开多个选定的对象）。

选择多个对象的方法有多种，如下所述。

① 按住鼠标左键不放，拖动鼠标指针形成的矩形块中的所有对象被选中。

② 按住键盘【Ctrl】键不放，逐一单击需要的对象，则将这些不连续的对象选中。

③ 单击选中某文件或文件夹，按住键盘上的【Shift】键不放，再单一击其他任意文件或文件夹，则前后两次选择之间的连续对象被选中。

④ 使用组合键【Ctrl+A】将选中桌面或文件夹中的所有文件或文件夹。

⑤ 在文件夹中，单击"组织"菜单项中的"全选"命令，可以实现全选。

⑥ 在 Windows 7 中还提供了一种新的"复选框"选定方式，要使用这种方式，先要进行设置，方法如下。

单击文件夹窗口中"组织"菜单项中的"文件夹和搜索选项"命令，打开"文件夹选项"对话框，如图 2-14 所示。单击"查看"选项，在其中的"高级设置"列表框中将"使用复选框以选择项"勾选，单击"确定"按钮完成设置。完成设置后，当鼠标指针指向文件或文件夹时，则会在对象图标的左上角出现一个复选框，选择复选框即可选定相应的对象如图 2-15 所示。选择好要管理的文件或文件夹后，就可以对这些文件或文件夹进行操作了。

（2）复制、移动、删除文件或文件夹

Windows 中文件的复制、移动、删除可以通过键盘与鼠标及菜单等多种方式进行操作。操作过程中常用到剪贴板进行数据的暂存。剪贴板是 Windows 系统在内存中设置的一段存储区域，用于暂存数据。剪贴板只能存放当前内容，一但计算机重启或关机，则存放在其中的内容将清空。

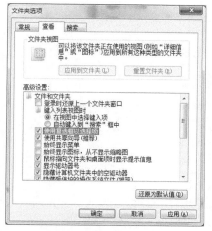

图 2-14　文件夹选项

图 2-15　文件选择复选框

① 方法一。打开源文件夹，选定一个或多个对象，按下组合键【Ctrl+C】进行复制，在目标文件夹中使用组合键【Ctrl+V】，选定的对象将复制到目标文件夹中。

打开源文件夹，选定对象，按下组合键【Ctrl+X】进行剪切，在目标文件夹中使用组合键【Ctrl+V】，则选定对象移动到目标文件夹中。

打开源文件夹，选定对象，按下组合键【Ctrl+D】或直接按键盘上的【Delete】键，在弹出的对话框中选择"是"，将文件逻辑删除（移送到回收站中）。选定对象后，按下组合键【Shift+Delete】，不放入回收站，将永久删除该对象。

> 注意　回收站的大小是可调的，当调整了 0 时，文件删除时将不在放入回收站。另外，当删除 U 盘中的文件时，是不会放入回收站中的。

② 方法二。打开源文件夹和目标文件夹。

在源文件夹中，选定对象。

按下鼠标左键不放，同时按住键盘【Ctrl】键，拖动对象到目标文件夹完成复制。在拖动的过程中不按【Ctrl】键，则实现移动操作。需要注意的是，源对象与目标文件夹在同一磁盘完成移动，在不同磁盘完成复制操作。由于进行这样的操作需要同时打开源文件文件夹窗口和目标文件夹窗口，所以要进行如下操作：单击文件夹窗口中"组织"菜单项中的"文件夹和搜索选项"命令，打开"文件夹选项"对话框，选择"常规"选项卡，并选择"在不同窗口打开不同文件夹"单选按钮，如图 2-16 所示。将对象拖放到桌面的回收站完成逻辑删除。

③ 方法三。打开源文件夹，并选择目标对象。

在选定的目标对象上点击鼠标右键，弹出菜单，如图 2-17 所示。

按菜单项完成删除、复制、剪切、目标文件夹的粘贴操作。

（3）重命名文件和文件夹

选定要重命名的文件或文件夹，单击"组织"菜单项中的"重命名"命令（或右击快捷菜单中的"重命名"命令），对象文件名变为文本编辑框，此时用户可对文件名进行更名，并按【Enter】键或单击文件名之外的位置确认。对已经打开的文件或文件夹不能进行重命名操作。

图 2-16　常规对话框

图 2-17　右键快捷菜单

（4）新建文件或文件夹

用户可以创建新文件夹来存放文件或子文件夹，操作步骤如下。

STEP 1 在要创建新文件夹的位置（如 C 盘是或桌面的空白处）右击鼠标。

STEP 2 在弹出的快捷菜单中，选择"新建"|"文件夹"命令，如图 2-18 所示。

文件一般需要通过应用程序新建，如用 Word 编辑软件可以新建 Word 文档，用记事本工具可以新建纯文本文件，不同类型的文件需要使用相应的应用程序来新建。

在 Windows 7 中可以使用多种方法新建文件夹。

① 在桌面或文件夹中新建文件夹：右键单击桌面或文件夹空白处，在弹出的快捷菜单中单击"新建"|"文件夹"命令，则创建名为"新建文件夹"文件夹，此时可修改文件夹名称为用户需要的名称。

② 在文件夹窗口中有"新建文件夹"按钮，单击该按钮，则在当前文件夹中新建文件夹。

（5）搜索文件或文件夹

Windows 在两处提供了搜索功能，一是"开始"最下方的搜索框，如图 2-19 所示；二是资源管理器右上方的搜索栏，如图 2-20 所示。

图 2-18　新建下级菜单

图 2-19　开始菜单搜索框

① 开始菜单搜索框。在搜索框中输入字母或文字，则在左窗格中会列出所有与这些字母、文字相匹配的文件及文件夹。这里的搜索是动态变化的，随输入关键字的不同，搜索结果快

速变化。

图 2-20　搜索栏

② 资源管理器搜索栏搜索。可以在搜索栏输入想要查找的文件、文件夹名，系统可以在用户指定的范围内进行搜索，并在窗口显示符合条件的项目，在详细信息面板显示查找到符合条件的项目总数。输入查找关键字时，可使用通配符协助查找，输入的内容越多，查找的结果就越精确，为了更快定位要查找的内容，可使用搜索筛选器协助搜索。

● 搜索器搜索文件（夹）。单击搜索栏可显示搜索筛选器，根据当前窗口所处位置的不同，筛选器的内容也会有所不同，例如，当搜索图片库时，有"拍摄日期""标记""类型""修改日期" 4 项。当搜索文档库时，有"作者""类型""修改日期""大小""名称" 5 项。图 2-21 是选择拍摄日期筛选器时的情况。搜索器可以单独使用，也可以叠加使用。

图 2-21　筛选器

● 搜索范围设定。系统默认的搜索范围是当前窗口，但在搜索过程中或探索结束后，都可以重新设置要搜索的范围，再次进行深度搜索，如图 2-22 所示。如没有匹配项时，可以选择搜索项：库、计算机、自定义、Internet、文件内容等进行进一步搜索。

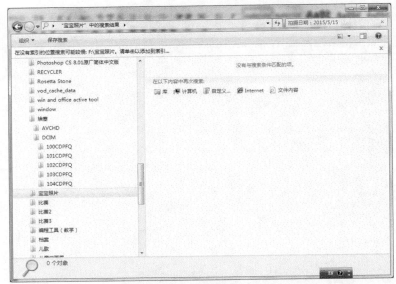

图 2-22　搜索范围设定窗口

● 搜索内容下搜索方式。选择"组织"|"布局",勾选"菜单栏"复选框,使搜索窗口显示菜单栏。在菜单栏中选择"工具"菜单|"文件夹选项"命令,在出现的文件夹选项窗口中选择"搜索"选项卡,如图 2-23 所示,可进行搜索内容与搜索方式的设定。需要注意的是,按内容搜索要事先建立索引,但建立索引的过程需要较长时间。默认情况下在没有建立索引的地方,按文件名搜索。

（6）文件或文件夹属性设置

文件夹和文件的常规属性仅有"只读"与"隐藏"。文件或文件夹属性设为只读则不能对此文件进行修改;设为隐藏则具有这种属性的文件夹或文件在常规显示下将看不到。设置属性的具体操作步骤如下。

STEP 1　选定要设置属性的文件夹或文件,如 E:\ss,选择"文件"菜单的"属性"命令,或右击,在弹出的菜单中选择"属性"命令,弹出"属性"对话框,如图 2-24 所示。

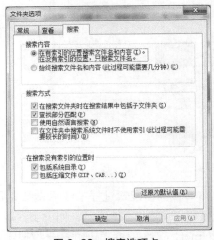

图 2-23　搜索选项卡

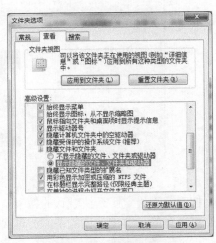

图 2-24　查看选项卡

STEP 2 选择"常规"选项卡，单击"只读"或"隐藏"复选框，将该对象设置为"只读"或"隐藏"属性。

STEP 3 单击"确定"按钮，使设置生效。

注意

　　如要在设定隐藏属性后，仍想查看文件与文件夹，可在"文件夹选项"窗口中选择"查看"选项卡，在隐藏文件和文件夹项中，选择"显示隐藏的文件、文件夹和驱动器"单选项，如图 2-24 所示。

6. 库的应用

"库"是 Windows 7 中新一代文件管理系统，利用"库"能够快速地组织、查看、管理存在于多个位置的内容，无论在计算机中的什么位置，使用库都可以将这些文件夹、文件联系起来，并且用户可以像在文件夹中一样进行搜索、编辑、查看等。通过 Windows 7 中的"库"功能，用户可以创建跨越多个照片、文档存储位置的库，可以像在单个文件夹中那样组织和编辑文件。库本身并不存储对象，只是"监视"所包含的文件夹，并允许用户以不同的方式访问和排列这些项目。

Windows 7 包含 4 个默认的"库"，分别是视频库、图片库、文档库和音乐库，允许用户将个人文档加入到库中，操作步骤如下。

STEP 1 在资源管理器窗口选择要包含到时库中的文件夹。

STEP 2 单击常用工具栏上的"包含到库中"按钮，在弹出的库列表中，选择一个库即可，也可以右击要包含到库中的文件夹，在快捷菜单中选择"包含到库中"选择项，在弹出的级联菜单中选择一个库。

STEP 3 若是要为选中的文件夹新建一个库，并将其包含到该库中，则在弹出的库列表中，选择"创建新库"命令，此时会以新建一个与选中文件夹同名的库，选中的文件夹包含在这个新库中。

2.5.4 控制面板

控制面板是 Windows 7 操作系统的重要组成部分，通过控制面板，可以对硬件、软件进行个性化的设置等操作。选择"开始"|"控制面板"面板命令，弹出"控制面板"窗口，如图 2-25 所示。

图 2-25 控制面板

1. 输入法的设置

打开"控制面板"窗口，单击"更改键盘和其他输入法"超级链接，打开"区域与语言"对话框。选择"键盘和语言"选项卡，单击"更改键盘"按钮，弹出"文本服务和输入语言"对话框。也可以右击任务栏上的语言栏，在弹出的快捷菜单中选择"设置"，也可弹出"文本服务和输入语言"对话框，如图 2-26 所示。

打开"文本服务和输入语言"对话框后，选择"常规"选项卡中的"添加"按钮，打开"添加输入语言"对话框，如图 2-27 所示，选择相应的语言及键盘输入法，再单击"添加"按钮，可在输入栏添加语言的输入法。

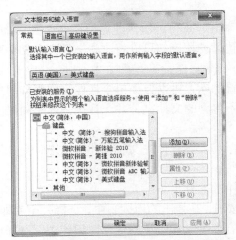 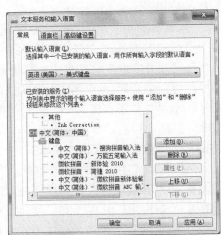

图 2-26 "文本服务和输入语言"对话框　　　图 2-27 "添加输入语言"对话框

2. 卸载与更改程序

若要删除已安装的软件，不能采用直接删除文件或文件夹的方式，而是通过执行该软件自带的卸载程序，或是通过"控制面板"提供的"卸载程序"来完成删除工作，该功能也可以更改程序。

（1）卸载、更改程序

单击"控制面板"窗口中的"卸载程序"超级链接，打开"卸载或更改程序"窗口，选择要卸载的文件，根据出现的"卸载或更改"按钮，完成程序的卸载或更改，如图 2-28 所示。

图 2-28 卸载或更改程序

（2）打开与关闭 Windows 功能

如图 2-28 所示，打开窗口左侧导航栏中的"打开或关闭 Windows 功能"，出现"Windows 功能"窗口，如图 2-29 所示，在窗口中选择相应的复选框，可增加与删除 Windows 的部分功能。

3.打印机设置

打印机是办公重要的输出设备，使用前要安装打印机及其驱动程序。安装的打印机可以是本地打印机，也可以是网络打印机。

图 2-29　Windows 功能

打印机安装步骤如下。

打开"控制面板"窗口，选择"设备和打印机"超级链接，也可以在"开始"菜单中单击"设备和打印机"按钮，单击"添加打印机"按钮，在出现的"添加打印机"对话框中选择相应的打印机类型，逐步完成打印机安装。

4.设备管理

在 Windows 7 系统中可以通过设备管理器来了解计算机已安装的硬件设备及其相关信息，如驱动程序的路径、资源分配和运行的状况等。若一个硬件设备没有安装驱动，在该设备前将出现一个黄色的感叹号，如安装的驱动有误，在该设备名前将出现一个黄色的问号。通过双击设备管理器中某一硬件名称，用户可以了解清楚计算机硬件的工作状态。设备管理器窗口如图 2-30 所示。

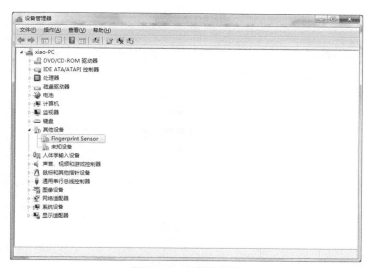

图 2-30　设备管理器

5.用户账户管理

Windows 是一个多用户多任务操作系统，因此可以有多个用户共用一台计算机。不同的用户类型拥有不同的权限。Windows 账户分为管理员账户和标准账户，标准账户拥有的权限较低，不能完全控制计算机，无法完成对计算机系统关键配置的更改，只能满足日常一般使用。若想完全控制计算机，随时更改系统关键配置，则应具有管理员权限。管理员对计算机进行安装、调整、设置等都将影响整个计算机中的所有用户账户。

（1）创建用户账户

STEP 1 在"控制面板"窗口中选择"用户账户和家庭安全"功能区中的"添加或删除用户账户"超级链接，弹出"账户管理"窗口，如图 2-31 所示。

图 2-31　账户管理

STEP 2 单击"创建一个新账号"链接，弹出"创建新账户"窗口。

STEP 3 在文本框中输入新账户的名称，如"jessy"，并选择用户账户类型，如图 2-32 所示。

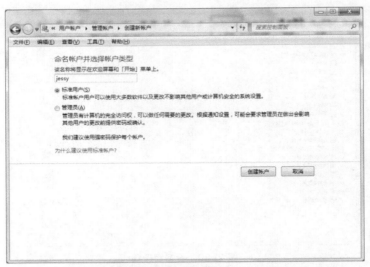

图 2-32　创建新账户

（2）更改用户账户

STEP 1 打开"账户管理"窗口，单击需要更改的账户图标，更改账户窗口，如图 2-33 所示。

STEP 2 在当前窗口中，选择"更改账户名称""创建密码""更改图片""更改账户类型"和"删除账户"等操作。

图 2-33　更改账户

6. 个性化设置

个性化设置主要包括背景主题设置、屏幕保护设置、显示分辨率设置等。

① 桌面背景：主要显示在桌面上的图片、颜色或图案。可以选择某个图片作为背景，也可以选择多个图片以幻灯片方式显示桌面背景。当使用幻灯片时，可设定更换图片的时间间隔。单击"控制面板"中"外观和个性化"功能区中的"更改桌面背景"超级链接，打开如图 2-34 所示的更改背景窗口。在"图片位置"处选择作为桌面背景的图片或图片库，也可以单击"浏览"按钮从存储器上查图片文件，使之成为桌面背景。

图 2-34　更改桌面背景

② 主题：主题是计算机桌面背景、窗口颜色、声音的组合，Windows 7 提供了 Aero 主题、基本和高对比度主题供用户选择。单击"控制面板"中"外观和个性化"功能区中的"更改主题"超级链接，打开更改主题窗口，如图 2-35 所示。

③ 屏幕保护：是在指定时间内没有使用键盘或鼠标时，出现在屏幕上的图片或动画，这能避免显示器长时间显示某个静态图片而受损害，并能保护用户隐私。当用户需要使用计算机时，进入登录界面，要求用户输入登录信息后炼复当前的计算机的工作界面，如图 2-36 所示。

图 2-35　更改主题窗口

④ 显示：单击"控制面板"中"外观和个性化"超级链接，再单击"显示"超链接，可打开"显示"窗口，如图 2-37 所示。显示窗口主要包括调整分辨率和亮度、校准颜色、连接到投影仪、调整 ClearType 字体、设置自定义文本大小等选项，它从另一个角度对视觉效果进行了更改。

图 2-36　屏幕保护设置

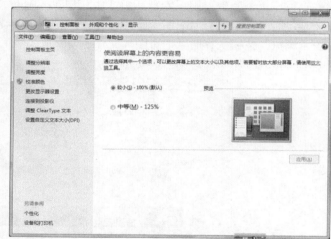

图 2-37　显示窗口

2.5.5　Windows 7 系统维护

系统维护主要包括磁盘管理、任务管理及系统备份等。

1. 磁盘管理

（1）格式化磁盘

新磁盘在使用之前，必须经过格式化，磁盘只有经过格式化处理才能进行读、写操作。当磁盘中毒或需要删除所有内容时，也可进行格式化。需要注意的是，格式化磁盘会删除磁盘上的所有内容。

磁盘格式化的操作步骤如下。

STEP 1　打开"计算机窗口"，选择要格式化的磁盘图标，如选 E 磁盘。

STEP 2 选择"文件"菜单中的"格式化"命令，或者右击，在弹出的快捷菜单中选择"格式化"命令，弹出"格式化"对话框，如图 2-38 所示。

STEP 3 单击对话框中的"开始"按钮，进行格式化。

（2）磁盘清理

在使用计算机的过程中，经常会产生一些临时文件和垃圾文件，它们占用大量的磁盘空间。通过磁盘清理，可以删除不用的文件，释放更多的空间，提高磁盘的利用率。

磁盘清理的操作步骤如下。

STEP 1 单击"开始"按钮，选择"所有程序"｜"附件"｜"系统工具"｜"磁盘清理"命令，弹出"磁盘清理：驱动器选择"对话框，如图 2-39 所示。

图 2-38 格式化窗口

图 2-39 磁盘清理：驱动器选择

STEP 2 在"驱动器选择"窗口中的驱动器下拉列表中选择要清理的磁盘，如选择 C 盘，单击"确定"按钮，弹出对话框，如图 2-40 所示。选择要清理的文件，单击"清理文件"按钮，进行磁盘清理。

（3）磁盘碎片整理

磁盘上存放了大量的文件，用户对文件进行创建、删除和修改等操作时，使一些文件不是存储在物理上连续的磁盘空间，而是被分散地存放在磁盘的不同地方。随着"碎片"的增多，其将会影响数据的读取速度，使计算机的工作效率降低。"磁盘碎片整理程序"可以将文件的碎片组合到一起，形成连续可用的磁盘空间，以提高系统性能。

磁盘碎片整理的操作步骤如下。

STEP 1 单击"开始"按钮，选择"所有程序"｜"附件"｜"系统工具"｜"磁盘碎片整理"命令，弹出"磁盘碎片整理"对话框，如图 2-41 所示。

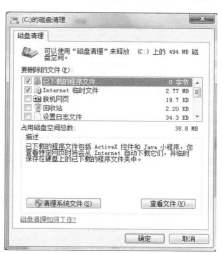

图 2-40 C 磁盘清理对话框

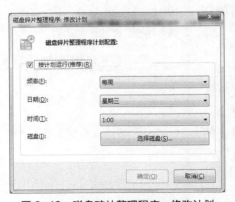

图 2-41 磁盘碎片整理

STEP 2 选择需要碎片整理的驱动器，单击"分析磁盘"按钮，系统将分析该磁盘是否要进行碎片整理。若需要进行碎片整理，单击"磁盘碎片整理"按钮。单击"配置计划"，可以更改"磁盘碎片整理"计划执行的频率、日期、时间及磁盘，如图 2-42 所示。

2.任务管理器

任务管理器是 Windows 中用来查看和管理计算机中程序运行及 CPU 的使用情况的重要系统工具。按【Ctrl+Shift+Esc】组合键可直接打开任务管理器窗口，也可以按【Ctrl+Alt+Del】组合键，并单击启动"任务管理器"按钮来完成操作，如图 2-43 所示。

图 2-42　磁盘碎片整理程序：修改计划　　　　图 2-43　任务管理器窗口

任务管理器窗口主要有 6 个选项卡。

① "应用程序"选项卡：列出当前系统正在运行的任务和状态，选择某项任务，单击下面的"结束任务"按钮可以结束选中的任务。单击"切换至"按钮，可实现程序的切换。单击"新任务"可以打开新的应用程序窗口。

② "进程"可以看到当前系统中运行的进程，包括用户进程和系统进程。进程是程序运行的一个动态过程，是系统进行资源分配和调度的独立单位。

③ "服务"选项卡：可以看到详细的服务列表、服务描述信息及服务的运行状态。

④ "性能"选项卡：查看当前正在运行程序的资源占用情况，如 CPU 使用率及使用记录、内存使用量及内存使用记录。在"性能"选项卡中单击"资源监视器"按钮，可以查看CPU、内存、硬盘、网络的实时使用和读取情况，可以用于结束进程和服务、删除正在使用的程序和文件，解决一些系统安全问题。

⑤ "联网"选项卡：列出了网络活动及进程信息、TCP 连接、侦听端口等。可以从中清楚地观察到网络活动的 IP 地址、发送和接收的数据量、每个进程发包的数量，并从这些信息中判断出用户的程序哪些消耗网络流量较大。

3．系统备份与还原

Windows7 允许用户备份和还原数据，保证数据的安全及计算机的正常使用。

（1）备份

Windows 7 备份包括文件备件、系统备份。

STEP 1 文件备份：用户可以选择要备份的文件内容、保存的文件位置、进行备份的计划等。操作步骤如下。

● 在控制面板中单击"系统和安全"功能区中"备份您的计算机"超级链接，打开备份和还原窗口，如图 2-44 所示。

图 2-44　备份和还原窗口

● 选择"设置备份"超链接，打开"设置备份"窗口，如图 2-45 所示，选择"让我选择"单选按钮，并点击下一步。在弹出的备份文件选择窗口中，如图 2-46 所示中选择要备份的文件夹。

● 文件备份后，可在"备份还原"窗口中选择"管理空间"超链接，如图 2-47 所示，进入"管理 Windows 备份空间"窗口，在此查看备份文件使用磁盘空间的情况，也可以删除备份文件释放磁盘空间，如图 2-48 所示。

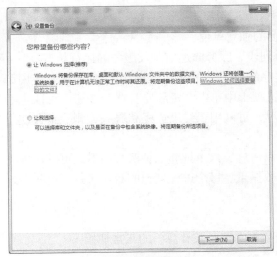

图 2-45　设置备份窗口

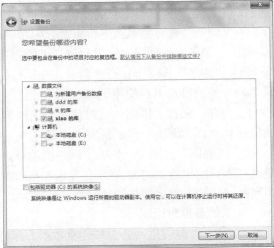

图 2-46　备份文件选择窗口

图 2-47　备份还原：管理空间

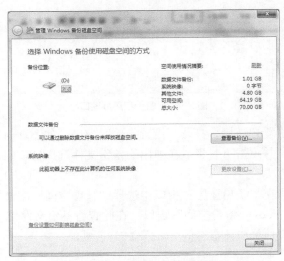

图 2-48　管理备份磁盘空间

STEP 2 系统备份：是对驱动器的精确影像，它包含 Windows 和用户的系统设置、程序及文件。如果硬盘或计算机不能正常工作，则可以使用系统影象来还原计算机的内容。单击"备份和还原"窗口左侧导航栏中的"创建系统影像"超链接，如图 2-44 所示，进入操作向导，按向导提供的操作步骤进行操作。

STEP 3 还原点创建：还原点是计算机系统文件及系统设置在某一时刻的存储状态。当计算机系统因自动更新、安装程序等更改时，会自动创建还原点。当然用户也可以手动创建还原点。在控制面板中打开"系统"窗口，在左侧导航栏中单击"系统保护"选项，弹出"系统属性"对话框，点击"创建"按钮，如图 2-49 所示。

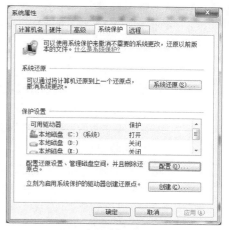

图 2-49　系统属性对话框

（2）还原

Windows 7 还原有文件备份还原、系统还原及还原点还原。

① 文件备份还原：当创建了文件备份后，如果发生文件损坏、丢失等情况，可在"备份和还原"窗口点击"还原我的文件"按钮，按操作向导安完还原，如图 2-47 所示。

② 系统还原及还原点还原：一但用户创建好了系统影像文件或还原点，则可利用这些文件在系统不能正常工作时进行还原操作。在如图 2-49 所示系统属性对话框中，点击"系统还原"按钮，可以打开还原向导，按提示进行还原点还原及影像还原。

本章习题

一、单选题

1. 在 Windows 7 的各个版本中，支持的功能最少的是_____。
   A. 家庭普通版　　　B. 家庭高级版　　　C. 专业版　　　　D. 旗舰版

2. 在 Windows 7 操作系统中，显示桌面的快捷键是_____。
   A. "Win" + "D"　　　　　　　　　B. "Win" + "P"
   C. "Win" + "Tab"　　　　　　　　D. "Alt" + "Tab"

3. 安装 Windows 7 操作系统时，系统磁盘分区必须为_____格式才能安装。
   A. FAT　　　　　B. FAT16　　　　　C. FAT32　　　　　D. NTFS

4. 文件的类型可以根据_____来识别。
   A. 文件的大小　　　　　　　　　　B. 文件的用途
   C. 文件的扩展名　　　　　　　　　D. 文件的存放位置

5. 控制面板的查看方式有多种：类别、大图标和_____。
   A. 小图标　　　　B. 详细信息　　　　C. 超大图标　　　D. 列表

6. 执行管理任务时，需要_____。
   A. 管理员账户的权限　　　　　　　B. 标准用户的权限
   C. 普通用户权限　　　　　　　　　D. 特殊用户的权限

7. 操作系统是_____的接口。
   A. 用户与计算机　　B. 硬件与系统　　C. 主机与外设　　D. 界面与桌面

8. 在 Windows 7 中，"桌面"是指_____。
   A. 整个屏幕　　　　B. 某一个窗口　　C. 所有的窗口　　D. 当前打开的窗口

9. 要重新排列桌面上的图标，首先应该右击_____。
   A. 窗口空白处　　　　　　　　　　B. "任务栏"空白处
   C. 桌面空白处　　　　　　　　　　D. "开始"按钮

10. 下列关于"回收站"的叙述中，错误的是_____。
    A. "回收站"可以暂时存放硬盘上被删除的信息
    B. 放入"回收站"中的信息可以还原
    C. "回收站"的大小是可以调整
    D. "回收站"可以存放 U 盘上被删除的信息

11. Windows 7 中，U 盘上被删除的文件_____。
    A. 可以通过"回收站"还原　　　　B. 不可以通过"回收站"还原
    C. 被保存在内存中　　　　　　　　D. 被保存在硬盘上

12. 在资源管理器中，单击文件夹左边的"展开"按钮，将_____。
    A. 在导航窗格展开该文件夹
    B. 在导航栏显示该文件夹中的子文件夹和文件
    C. 仅在文件栏中显示该文件夹中的子文件夹
    D. 仅在文件窗格中显示该文件夹中的文件

13. 在 Windows 7 中，选定多个不连续的对象，需要在单击鼠标的同时按住_____键。
    A. Alt　　　　　　B. Ctrl　　　　　C. Shift　　　　　D. Tab

二、多选题

1. 操作系统的主要功能有_____。
   A. 处理器管理　　B. 存储管理　　　C. 设备管理　　　D. 系统管理

2. 操作系统按功能分类，可分为_____。
   A. 多道批处理操作系统　　　　　　B. 分时操作系统
   C. 实时操作系统　　　　　　　　　D. 智能手机操作系统

3. 操作系统的发展方向主要有_____。
   A. 网络操作系统　　　　　　　　　B. 分布式操作系统
   C. 嵌入式操作系统　　　　　　　　D. 并行操作系统

4. 在 Windows 7 中，个性化设置包括_____。
   A. 主题　　　　　　B. 桌面背景　　　C. 窗口颜色　　　D. 声音

5. 在 Windows 7 中，窗口最大化的方法是_____。
   A. 按最大化按钮　　　　　　　　　B. 按还原按钮
   C. 双击标题栏　　　　　　　　　　D. 拖拽窗口到屏幕顶端

6. 在 Windows 7 操作系统中，属于默认库的有_____。
   A. 文档　　　　　　B. 音乐　　　　　C. 图片　　　　　D. 视频

7. 目前个人计算机上常见的操作系统_____。
   A. Windows 系列　　B. Linux 系列　　C. Mac OS 系列　　D. AIX 系列

8. "注销"命令_____。

    A. 关闭当前用户运行的程序   B. 保存当前用户账户信息和数据

    C. 结束当前用户的使用状态   D. 不关闭当前用户运行的程序

三、简答题

1. 什么是操作系统?操作系统的主要功能是什么?

2. 在桌面上创建快捷方式的方法有哪些? 上机练习, 在桌面上创建"计算器"程序快捷方式。

3. 对文件和文件夹命名时需要注意哪些问题?

4. 什么情况下需要进行磁盘清理和碎片整理?

5. Windows 7 搜索文件或文件夹时, 可以依据哪些属性进行搜索?

6. Windows 7 的库是什么?有什么功能?

PART 3 第 3 章
文字处理软件 Word 2010

文字处理是指利用计算机来编制各种文档，如文章、简历、信函、公文、报纸和书刊等，这是计算机在办公自动化方面一个重要的应用。要使计算机具有文字处理的能力，需要借助于一种专门的软件——文字处理软件，目前我国常用的文字处理软件有 Word，WPS，WordPerfect 等。

3.1 Word 2010 概述

3.1.1 Word 2010 简介

Word 2010 是微软公司推出的 Microsoft Office 套装软件中的一个组件。它利用 Windows 良好的图形用户界面，将文字处理和图表处理结合起来，实现了"所见即所得"，易学易用，并设置 Web 工具等。Word 2010 与以往版本相比，文字和表格处理功能更强大，外观界面设计得更为美观，功能按钮的布局也更合理，还可以通过自定义外观界面、自定义默认模板、自定义保存格式等操作来进行更改；同时增添了导航窗格、屏幕截图、屏幕取词、背景移除、文字视觉效果等新功能。

3.1.2 Word 2010 的启动与退出

1. Word 2010 的启动

下面介绍几种启动 Word 2010 的常用方法。

① 选择"开始 | 所有程序 | Microsoft Office | Microsoft Word 2010"。

② 如果在桌面上已经创立了 Word 2010 的快捷方式，可直接双击快捷方式图标。

③ 双击任意一个 Word 文档，Word 2010 就会启动并且打开相应的文件。

2. Word 2010 的退出

可以用以下几种常用的方法退出 Word 2010。

① 单击 Word 应用程序窗口右上角的"关闭"按钮。

② 单击 Word 应用程序窗口左上角的"文件"按钮，在弹出的下拉面板中单击"退出"项。

③ 在标题栏上单击鼠标右键，在弹出的快捷菜单中单击"关闭"命令。

如果在退出 Word 2010 时，用户对当前文档做过修改且还没有执行保存操作，系统将弹出一个对话框询问用户是否要将修改操作进行保存，如果要保存文档，单击"保存"按钮，如果不需要保存，单击"不保存"按钮，单击"取消"按扭则取消此次关闭操作。

3.1.3 Word 2010 窗口简介

Word 2010 的工作窗口中主要包括有标题栏、工具栏、标尺、状态栏及工作区等，如图 3-1 所示。选用的视图不同，显示出来的屏幕元素也不同。另外，用户也可以定义某些屏幕元素的显示或隐藏。

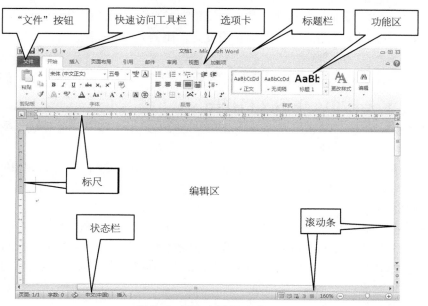

图 3-1　Word 2010 主窗口

（1）标题栏

标题栏是位于窗口最上方的长条区域，用于显示应用程序名和当前正在编辑的文档名等信息。在左侧显示控制图标和快速访问工具栏，在右端提供"最小化""最大化/还原"和"关闭"按钮来管理界面。

（2）快速访问工具栏

快速访问工具栏中包含一些常用的命令按钮，单击某个按钮，可快速执行这个命令。默认情况下，只显示"保存""撤销"和"恢复"按钮。单击右侧的"自定义快速访问工具栏"按钮 ，在弹出的下拉菜单中可根据需要进行添加和更改。

（3）功能区

功能区由选项卡、选项组和一些命令按钮组成，包含用于文档操作的命令集，几乎涵盖了所有的按钮和对话框。选项卡标签位于功能区的顶部，默认显示的选项卡有"开始""插入""页面布局""引用""邮件""审阅"和"视图"，另外还有一些隐藏的选项卡，如"图片工具"的"格式"选项卡，只有当选中图片时该选项卡才会显示。

根据功能不同，每个选项卡又包括若干选项组，单击某个选项卡，即可看到其包含的各个选项组，默认选上的是"开始"选项卡。各个选项组中又包含一些命令按钮和下拉列表框等，用于完成对文档的各种操作。

（4）标尺

在 Word 中使用标尺计算出编辑对象的物理尺寸，如通过标尺可以查看文档中图片的高度和宽度。标尺分为水平标尺和垂直标尺两种，默认情况下，标尺上的刻度以字符为单位。

（5）状态栏

用于提供编辑过程中的有关信息，包括如下内容。

① 当前所在的页码、字数、语言和插入/改写方式。

② 视图切换按钮用来进行"页面视图""阅读版式视图""Web 版式视图""大纲视图"和"草稿"5 种视图方式的切换，通常使有的是"页面视图"方式。

③ 用鼠标单击"页面缩放级别"按钮，可以调整页面显示比例的大小。

④ 拖动"显示比例"按钮，可以完成页面显示比例大小的设置。

（6）滚动条

通过移动滚动条，可以在编辑区显示文本各部分的内容。

3.1.4　Word 2010 中的文档视图

在文档编辑过程中，常常需要因不同的编辑目的而突出文档中某一部分内容，以便能更有效地编辑文档，此时可通过选择不同的视图方式实现。

用户可以在"视图"功能区中选择需要的文档视图模式，也可以在 Word 2010 文档窗口的右下方单击视图切换按钮选择视图。

1．页面视图

页面视图是一种常用的文档视图，在进行文本输入和编辑时常常采用该视图方式，它按照文档的打印效果显示文档，可以更好地显示排版格式，适用于总览整个文章的总体效果，查看文档的打印外观，并可以显示出页面大小、布局，编辑页眉和页脚，查看、调整页边距，处理分栏及图形对象。

2．阅读版式视图

该视图方式最适合阅读长篇文章，阅读版式将原来的文档编辑区缩小，而文字大小保持不变。如果文章较长，它会自动分成多屏。在阅读版式视图下，Word 会将"文件"选项卡和功能区等窗口元素隐藏起来，以便扩大显示区域，方便用户进行审阅和批注。在阅读版式视图中，单击"关闭"按钮或按【Esc】键即可关闭阅读版式视图方式，返回文档之前所处的视图方式。

3．Web 版式视图

Web 版式视图可以预览具有网页效果的文本。在该视图下，编辑窗口将显示得更大，并自动换行以适应窗口。该视图比较适合发送电子邮件和浏览与制作网页。此外，在这种视图下，文本的显示方式与浏览器的效果保持一致，便于用户进行进一步调整。

4．大纲视图

在大纲视图中能查看、修改或创建文档的大纲，突出文档的框架结构。在该视图中，可以通过拖动标题来移动、复制和重新组织文本，因此特别适合编辑含有大量章节的长文档。在查看时可以通过折叠文档来隐藏正文内容，而只显示文档中的各级标题和章节目录等，或者展开文档以查看所有的正文。在大纲视图中不显示页边距、页眉和页脚、图片和背景。

5．草稿

草稿主要用于查看草稿形式的文档，便于快速编辑文本。在草稿视图中可以输入、编辑和设置文本格式，但不显示页边距、页眉和页脚、背景、图形对象，以及没有设置为"嵌入型""环绕方式的图片"。该视图功能简单，适合编辑内容、格式简单的文档。在草稿视图下，上下页面的空白区域转换为虚线。

3.2　文档的编辑

3.2.1　文档的创建、录入及保存

1. 文档的创建

在 Word 2010 中，可以创建两种形式的新文档，一种是没有任何内容的空白文档，另一种是根据模板创建的文档，如传真、信函和简历等。

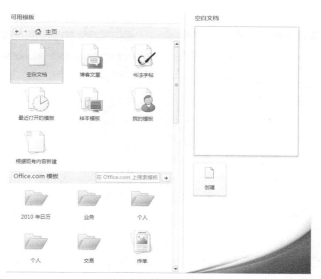

图 3-2　"新建"命令面板

（1）创建空白文档

通常采用如下三种方式创建空白文档。

STEP 1 运行 Word 2010 应用程序，会创建一个默认文件名为"文档 1"的空白文档。

STEP 2 单击"文件"｜"新建"命令，再在右边的"可用模板"框中选择"空白文档"，即可创建名为"文档 1"的空白文档，如图 3-2 所示。

STEP 3 单击"自定义快速访问工具栏"按钮，在弹出的下拉菜单中选择"新建"按钮，可创建名为"文档 1"的空白文档。

（2）从模板创建文档

Word 2010 提供了许多已经设置好的文档模板，选择不同的模板可以快速地创建各种类型的文档，例如，简历、求职信、商务计划、名片和 APA 论文等。

单击"文件"｜"新建"命令，在打开的"可用模板"列表中选择合适的模板，再单击"创建"按钮，如图 3-2 所示，此模板中已经包含特定类型文档的格式和内容等，只需要根据个人需求稍做修改即可创建一个精美的文档。

2. 文档的录入

（1）输入普通文本

普通文本的输入非常简单，用户只需将光标移到指定位置，选择好合适的输入法后即可进行录入操作。如需插入或删除文本，只需利用键盘上的【Insert】键切换"插入/改写"，在光标位置即可输入或删除文本。

（2）输入符号

单击"插入"选项卡中的"符号"组中的"符号"命令按钮，在下拉列表中可以浏览并选择所需要的符号。当选择"其他符号"时会弹出如图3-3所示的"符号"对话框。

（3）输入日期和时间

单击"插入"选项卡"文本"组中的"日期和时间"命令按钮，在弹出的"日期和时间"对话框中选择语言后，在"可用格式"列表中选择需要的格式，如图3-4所示。如果要使插入的时间能随系统时间自动更新，则选中对话框中的"自动更新"复选框，单击"确定"按钮即可。

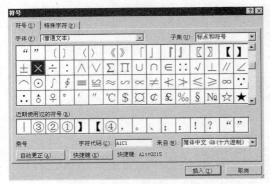

图3-3　"符号"对话框

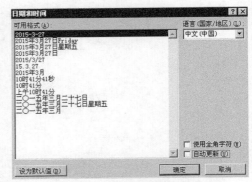

图3-4　"日期和时间"对话框

3.文档的保存

文档编辑完成后要及时保存，以避免由于误操作或计算机故障造成数据丢失。根据文档的格式、有无确定的文档名等情况，可用多种方法保存。

（1）保存新文档

创建好的文档首次保存，可单击"文件"｜"保存"命令或"文件"｜"另存为"命令，也可以通过单击快速访问工具栏中的"保存"按钮来完成。此时将打开如图3-5所示的"另存为"对话框。用户在"保存位置"下拉列表框中选择文件的保存位置，在"文件名"框中输入文档的名称，若不新输入名称，则Word自动将文档的第一句话作为文档的名称，在"保存类型"下拉列表框中选择所需要的文件类型，如果没有进行该项选择，系统默认为是Word文档，扩展名为.docx，最后单击"保存"按钮，文档即被保存在指定的位置上。

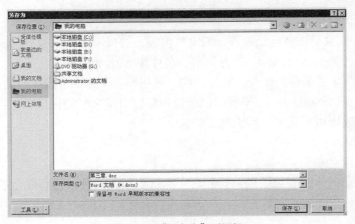

图3-5　"另存为"对话框

（2）保存已有文档

对于一个已存在的 Word 文档，当对其进行再次编辑后，若不需要修改文件名、文件类型或文件的保存位置，可单击"文件" |"保存"命令，或单击快速访问工具栏中的"保存"按钮，完成原名存盘操作。如果要修改文件原有的保存位置、文件名或文件类型，则单击"文件" |"另存为"命令，在打开的"另存为"对话框中重新选择保存位置、文件类型，重新输入文件名，单击"保存"按钮完成已有文档的另存操作。

（3）定时保存文档

Word 允许用"自动恢复"功能定期保存文档的临时副本，以保护所做的工作。单击"文件" |"选项"命令，打开"Word 选项"对话框，在该对话框的左侧选择"保存"选项，如图 3-6 所示。在右侧选中"保存自动恢复信息时间间隔"复选框，在"分钟"微调框中输入时间间隔，以决定 Word 保存文档的频繁程度。Word 保存文档越频繁，在打开 Word 文档时出现断电或类似问题的情况下，能够恢复的信息就越多。

图 3-6   "Word 选项"对话框

3.2.2   文本的选择

选择文本是文本操作的基础，无论是对 Word 文档中的文本设置格式，还是复制、移动或删除内容，都需要首先选择要处理的文本。

（1）选择一页范围内的连续文本

从要选择文本的起点处按下鼠标左键，一直拖动至终点处松开鼠标即可选择文本。

（2）选择篇幅较大的连续文本

在要选择的文本起点处单击鼠标左键，然后将鼠标移至选取终点处，同时按下【Shift】键与鼠标左键即可。

（3）选择不连续的文本

按住【Ctrl】键的同时，用（1）中的方法分别选择目标文字，最后松开【Ctrl】键。

（4）选择矩形区域文本

在要选择的文本起始处按下【Alt】键的同时拖动鼠标左键至矩形区域的右下角，即可以选中该范围的矩形区域。

（5）利用选定区选定文本

首先将鼠标移到文档左侧的空白处，此处称为选定区，在此区域，鼠标对准某行，单击鼠标，选定当前行文字，双击鼠标，选定当前段文字，三击鼠标，选中整篇文档。

3.2.3 文本的复制、移动与删除

1. 文本的复制与移动

在编辑 Word 文档时，经常需要把某些内容从一处复制到另一处或多处，或把某些内容移到另一处，Word 提供了解决这类问题的方法。通常的操作步骤如下。

STEP 1 选定要复制或移动的文本。

STEP 2 可执行下列操作之一：

- 若要进行复制，可单击"开始"选项卡"剪贴板"组中的"复制"命令按钮（或按组合键【Ctrl+C】）；
- 若要进行移动，可单击"开始"选项卡"剪贴板"组中的"移动"命令按钮（或按组合键【Ctrl+X】）。

STEP 3 光标定位到要复制或移动的目标位置。

STEP 4 单击"开始"选项卡"剪贴板"组中的"粘贴"命令按钮（或按组合键【Ctrl+V】）。

2. 文本的删除

当文档中出现多余或错误的文本时就需要将其删除，此时只需选择待删除的文本，然后按下【Delete】或【Backspace】即可。

3.2.4 查找与替换

在一篇较长的文本中查找某个特定的内容，或将查找到的内容替换为其他内容是一项烦琐又容易出错的工作。使用 Word 2010 提供的查找和替换功能，可以快速准确地完成文本的查找与替换操作。

（1）查找文本

单击"开始"选项卡"编辑"组中的"查找"命令按钮，弹出"查找和替换"对话框，在"查找内容"文本框中输入要查找的文本内容，单击"查找下一处"或"阅读突出显示"按钮，如图 3-7 所示。如单击"更多"按钮，则可以在展开的对话框中设置文档的更多查找选项。

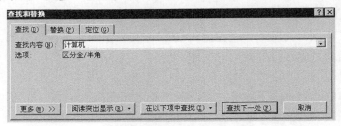

图 3-7 "查找"选项卡

（2）替换文本

在查找到文档特定的内容后，还可以对其进行替换。在"开始"选项卡"编辑"组中单击"替换"命令按钮，弹出"查找和替换"对话框。在"查找内容"文本框中输入要查找的

文本内容，在"替换为"文本框中输入要替换的内容，然后根据实际需要单击"替换"或"全部替换"按钮，分别实现相应的替换功能。单击更多按钮后，可以在"搜索选项"区域中设置是否区分大小写、是否使用通配符等，如图 3-8 所示。如果在替换文本内容的同时想要带有一些格式设置（如字体、字号、段落缩进等），可以单击"替换"区域中的"格式"或"特殊格式"按钮。

图 3-8 "替换"选项卡

3.2.5 撤销与重复

Word 2010 的快速访问工具栏中提供的"撤销"按钮可以帮助用户撤销前一步或前几步错误操作，而"重复"按钮则可以重复执行上一步被撤销的操作。

如果是撤销前一步操作，可以直接单击"撤销"按钮，若要撤销前几步操作，则可以单击"撤销"按钮旁的下拉按钮，在弹出的下拉框中选择要撤销的操作即可。

3.3 文档的排版

在完成文本录入和基本编辑之后，接下来就要对文档进行排版了。所谓排版，就是按照一定要求设置文档外观的一种操作。

在 Word 中的排版有三个层次：第一层次是对字符进行排版，也就是字符格式设置，称为字符格式化；第二层次是对段落进行编排，设置段落的一些属性，称为段落格式化；第三层次是页面设置，设置文档页面的外观等。

3.3.1 字符格式化

字符是指作为文本输入的文字、标点符号、数字及各种符号。字符格式设置是指用户对字符的屏幕显示和打印输出形式的设定，包括字符的字体、字号和字形，字符的颜色、下画线、着重号、上下标、删除线，字符间距等。在创建新文档时，Word 按系统默认格式显示，中文字体为宋体、五号字、英文字体为 Times New Roman。用户可根据需要对字符的格式进行重新设置。

1.通过功能区进行设置

首先选中需要进行格式设置的文本，然后单击"开始"选项卡，在"字体"组中使用相应的命令按钮进行格式的设置，如图 3-9 所示。

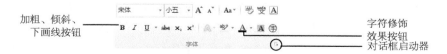

图 3-9 "开始"选项卡中的"字体组"

（1）设置字体、字号和字形

单击"字体"下拉列表框的下拉按钮，在打开的下拉列表中可选择所需字体。单击"字号"下拉列表框的下拉按钮，在打开的下拉列表中可选择所需的字号。

分别单击"加粗"按钮、"倾斜"按钮和"下画线"按钮，可对选定字符设置加粗、倾斜、增加下划线等字形格式，还可以单击"下画线"按钮旁的下拉按钮，在打开的下拉列表中选择下画线线型。

（2）设置字符的修饰效果

① 单击"字体颜色"按钮旁的下拉按钮，在打开的下拉列表中可以设置选定字符的颜色。

② 单击"字符边框"按钮、"字符底纹"按钮，可设置或撤销字符的边框、底纹格式。

③ 单击"文本效果"按钮，可以设定字符的外观效果，如发光、阴影或映像等。

④ 为突出显示文本，可将字符设置为看上去像用荧光笔标记过一样。单击"以不同颜色突出显示文本"按钮旁的下拉按钮，在打开的下拉列表中可选择一种突出显示的颜色。

2．使用"字体"对话框进行设置

选中需要设置字符格式的文本，并单击鼠标右键，在弹出的快捷菜单中选择"字体"命令，或选中文本后单击"字体"组中右下角的"对话框启动器"按钮，都可以打开"字体"对话框，如图 3-10 所示。

(a)"字体"选项卡

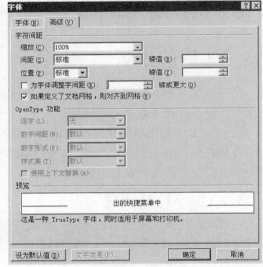

(b)"高级"选项卡

图 3-10 "字体"对话框

单击"字体"选项卡，可设置字符的字体、字号、字形、颜色，以及"删除线""上标""下标"等修饰效果。

单击"高级"选项卡，从中可以设置字符的间距、缩放或位置。字符间距是指两个字符之间的距离，缩放是指缩小或扩大字符的宽、高的比例，当缩放值为 100% 时，字的宽高为系统默认值（字体不同，字的宽高比也不同）；当缩放值大于 100% 时为扁形字；当缩放值小于 100% 时为长形字。在"开始"选项卡"段落"选项组中，单击"中文版式"按钮，在其下拉菜单中选择"字符缩放"命令，也可对字符进行缩放设置。

3.3.2 段落格式化

1. 设置段落格式

在 Word 中，通常把两个回车换行符之间的部分叫作一个段落。段落格式的设置包括了对段落对齐方式、段落缩进、段落行间距，以及段前和段后间距等的设置。

（1）段落对齐方式

段落的对齐方式分为水平对齐方式和垂直对齐方式两种。

水平对齐方式如下所述。

① 左对齐：使正文沿页面的左边对齐，采用这种对齐方式，Word 不调整一行内文字的间距，所以右边界处的文字可能产生锯齿。

② 右对齐：使正文的每行文字沿右边界对齐，包括最后一行。

③ 居中对齐：段落中的每一行文字都居中显示，常用于标题或表格内容的设置。

④ 两端对齐：使正文沿页的左、右边界对齐，Word 会自动调整每一行内文字的间距，使其均匀分布在左右边界之间，但最后一行是靠左边界对齐。

⑤ 分散对齐：正文沿页面的左、右边界在一行中均匀分布，最后一行也分散充满一行。

垂直对齐方式如下所述。

垂直对齐方式决定了段落相对于上或下页边界的位置，一个段落在垂直方向上的对齐方式为顶端对齐、居中对齐、两端对齐和底端对齐 4 种方式。要改变一个段落在垂直方向上的对齐方式，可以单击"页面布局"选项卡中"页面设置"组右下角的"对话框启动器"按钮，打开"页面设置"对话框，在"版式"选项卡的"垂直对齐方式"下拉列表框中进行选择，如图 3-11 所示。

单击功能区的"开始"选项卡中"段落"组右下角的"对话框启动器"按钮，将打开如图 3-12 所示的"段落"对话框，选择"对齐方式"下拉框中的选项即可设置段落对齐方式，或者单击"段落"组中的 5 种对齐方式按钮。

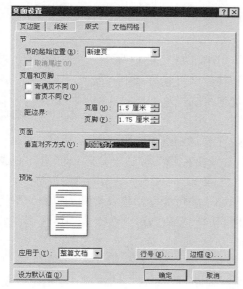

图 3-11　"版式"选项卡

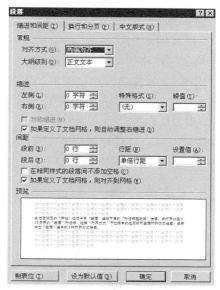

图 3-12　"段落"对话框

（2）设置段落缩进

所谓缩进，就是文本与页面边界的距离。段落的缩进方式包括首行缩进、悬挂缩进和左右缩进。

① 首行缩进：是指段落的第一行相对于段落的左边界缩进，如最常见的文本段落格式就是首行缩进两个汉字的宽度。

② 悬挂缩进：是指段落的第一行不缩进，而其他行则相对缩进。

③ 左右缩进：是指段落的左右边界相对于左右页边距进行缩进。

可以通过如下方法设置段落缩进。

① 打开"段落"对话框，如图 3-12 所示，选择"缩进和间距"选项卡设置缩进方式。其中，"缩进"选项组中的"左侧"和"右侧"微调框用于设置整个段落的左、右缩进值。在"特殊格式"下拉列表框中，可选择"首行缩进"或"悬挂缩进"选项，在"磅值"微调框中可精确设置缩进量。

② 使用标尺调整缩进。要调整段落的首行缩进值，可在标尺上拖动"首行缩进"标记；要调整整个段落的左缩进值，可以在标尺上拖动"左缩进"标记；要调整整个段落的右缩进值，可以在标尺上拖动"右缩进"标记。在拖动有关标记时，如果按住【Alt】键则可以看到精确的标尺读数。

（3）设置段落间距

段落间距是指两个段落之间的距离。要调整段落间距，首先要选择调整间距的段落，然后在"段落"对话框中选择"缩进和间距"选项卡，在"段前"和"段后"微调框中分别设置段前和段后间距，如图 3-12 所示。

（4）设置行距

行距是指从一行文字的底部到另一行文字底部的间距，其大小可以改变。Word 将调整行距以容纳该行中最大的字体和最高的图形。它决定段落中各行文本间的垂直距离，其默认值是单倍行距，意味着间距可容纳所在行的最大字体并附加少许额外间距。如果某行包含大字符、图形或公式，Word 将增加该行的行距。如果出现某些项目显示不完整的情况，可以为其增加行间距，使之完全表达出来。

2. 格式刷

"格式刷"按钮位于"开始"选项卡"剪贴板"组中，如图 3-13 所示。其作用可以将字符或段落设置好的格式快速复制到其他字符或段落中，需要注意的是，格式刷复制的不是文本的内容，而是字符或段落的格式。格式刷使用方法如下。

图 3-13　"开始"选项卡中"格式刷"

STEP 1 选定要复制格式的文本，或把光标定位在要复制格式的段落中。

STEP 2 单击"开始"选项卡"剪贴板"组中的"格式刷"按钮，此时鼠标指针变成刷子状。

STEP 3 用格式刷选定需要应用格式的文本，被刷子刷过的文本格式替换为复制的格式。

采用上述方法只能将格式复制一次，双击"格式刷"按钮则可以多次应用格式刷，如果要结束使用格式刷，可以再次单击"格式刷"按钮。

3. 边框与底纹

边框与底纹能增加读者对文档内容的兴趣和注意程度，并能对文档起到一定美化效果。

选中要添加边框的文字或段落后，单击"开始"选项卡"段落"组中"下框线"右侧的下三角按钮，在弹出的下拉框中选择"边框和底纹"选项，弹出如图3-14所示的对话框。在此对话框的"边框"选项卡页面下可以进行边框设置。切换到"页面边框"选项卡可以对文档添加页面边框。切换到"底纹"选项卡，则可以为所选文字或段落添加底纹。

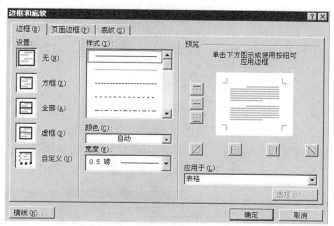

图3-14 "边框和底纹"对话框

4.项目符号和编号

项目符号和编号是指一组符号，这组符号通常位于文本的最前端，合理使用项目符号和编号可以使文档的层次分明、内容醒目、条理清晰。

（1）添加项目符号

项目符号是在文档中的并列内容前添加统一符号。单击"开始"选项卡"段落"组中的"项目符号"右侧的下三角按钮，即可在展开的下拉列表中看见预设的项目符号和其他设置选项，如图3-15所示。

（2）添加编号

编号是一组含有顺序性的符号，既可以是数字，也可以是英文符号。单击"开始"选项卡"段落"组中的"编号"右侧的下三角按钮，即可在展开的下拉列表中看见预设的编号样式和其他设置选项，如图3-16所示。

图3-15 "项目符号"下拉列表

图3-16 "编号"下拉列表

5. 首字下沉

首字下沉是在章节的开头显示大型字符。首字下沉的本质是将段落的第一个字符转化为图形。创建首字下沉后，可以像修改任何其他图形元素一样修改下沉的首字。

单击"插入"选项卡"文本"组中的"首字下沉"命令按钮，在弹出的"首字下沉"对话框，如图 3-17 所示，在"位置"选项区域中显示了下沉和悬挂两种下沉方式，单击"下沉"选项，并在"字体"下拉列表中选择下沉文字字体，在"下沉行数"文本框中设置下沉行数，单击"确定"按钮即可完成首字下沉设置。

6. 分栏

分栏排版就是将文字分成几栏排列，常见于报纸、杂志的一种排版形式。先选择需要分栏排版的文字（若不选择，系统默认对整篇文档进行分栏排版），单击"页面布局"选项卡"页面设置"组中的"分栏"命令按钮，在弹出的下拉框中选择某个选项，即可将所选内容进行相应的分栏设置，如图 3-18 所示。如要撤销分栏，选择一栏即可。

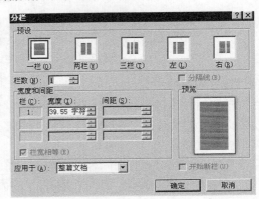

图 3-17 "首字下沉"对话框　　　　图 3-18 "分栏"对话框

需要注意的是，分栏排版只有在页面视图下才能够显示出来。

3.3.3 页面格式设置

在编辑文档前，最好先设置页面的一般形式，这样在编辑文档时更有针对性。设置页面的主要内容包括页眉页脚、脚注和尾注，以及页面设置。

1. 页眉、页脚和页码

页眉和页脚分别位于文档每页的顶部或底部，可以使用页码、日期等文字或图标，与文档的正文处于不同的层次上，因此在编辑页眉和页脚时，不能编辑文档的正文。同样，在编辑文档正文时也不能编辑页眉和页脚。页眉和页脚只有在页面视图或者打印预览中才是可见的。

（1）创建每页都相同的页眉和页脚

① 若要创建页眉，单击"插入"选项卡"页眉页脚"组中"页眉"下拉按钮，在其下拉列表中选择一种页眉即可。

② 若要创建页脚，单击"插入"选项卡"页眉页脚"组中"页脚"下拉按钮，在其下拉列表中选择一种页脚即可。

③ 如果要设置页眉、页脚中文的格式，可以在"字体"选项组选择相应"字体""字号"等按钮做相应的设置。可以在"字体"选项组设置文本的格式。

④ 设置完成后，单击页眉和页脚工具"关闭"选项组中的"关闭"按钮。

（2）为奇偶页创建不同的页眉或页脚

STEP 1 单击"插入"选项卡"页眉页脚"组中"页眉"下拉按钮，在其下拉列表中选择一种页眉样式。

STEP 2 激活"页眉和页脚工具"区域，在"选项"选项组中选中"奇偶页不同"复选框，如图 3-19 所示。

STEP 3 如果有必要，单击"页眉和页脚工具"中"导航"组中的"上一节"或"下一节"，以移动到奇数页或偶数页的页眉或页脚区域。

STEP 4 单击"奇数页页眉"或"奇数页页脚"区域，单击"页面内页脚工具"中"页眉和页脚"中的"页眉"或"页脚"下拉按钮，在其下拉列表中选择页眉或页脚样式，为奇数页创建页眉和页脚；在"偶数页页眉"或"偶数页页脚"区域按照相同的方法可以为偶数页创建页眉和页脚。

（3）插入页码

在文档中插入页码，可以更方便地查找文档。具体操作步骤如下。

STEP 1 单击"插入"选项卡"页眉和页脚"组中的"页码"命令按钮，弹出如图 3-20 所示的下拉列表。

图 3-19 "页眉页脚工具"

图 3-20 页码设置选项

STEP 2 在打开的"页码"下拉列表中选择页码所需放置的位置，如"页面底端"，并在其右侧显示的浏览库中选择所需的页码格式。

STEP 3 如需设置页码格式，则单击"页码"下拉列表中"设置页码格式"命令按钮，然后在"页码格式"对联话框中选择合适的页码格式，再单击"确定"按钮。

插入页码后，如果想删除它，可在打开的"页码"下拉列表中单击"删除页码"命令按钮。

2. 脚注与尾注

脚注一般出现在文档中页的底部或者当页内容的下方，用于注释说明文档内容；尾注则位于节或文档的尾部，用于说明引用的文献。

单击"引用"选项卡"脚注"组中的对话框启动器，打开"脚注与尾注"对话框，选中"脚注"单选按钮，设置文档脚注格式；选中"尾注"单选按钮，设置尾注格式，单击"确定"按钮，即可为文档添加脚注和尾注，如图 3-21 所示。

3. 分节符

默认情况下，文档中每个页面的版式或格式都是相同的，若要改变文档中一个或多个页面的版式或格式，则可以使用分节符来实现。使用分节符可以将整篇文档分为若干节，每一节可以单独设置版式，例如，页眉、页脚、页边距等，从而使文档的编辑排版更加灵活。

单击"页面布局"选项卡"页面设置"组中的"分隔符"命令按钮，打开"分隔符"下拉列表，如图 3-22 所示。"分节符"列表中有 4 种分节符选项，选择一种分节符类型，即可完成插入分节符的操作。

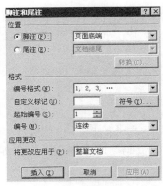

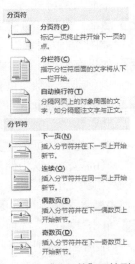

图 3-21 脚注与尾注　　　　　　　图 3-22 "分隔符"下拉列表

4. 页面格式

页面设置的内容包括设置纸张大小，页面的上下左右边距、装订线、文字排列方向、每页行数和每行字符数等。这些设置是在打印文档之前必须要做的工作，可以使用默认的页面设置，也可以根据需要重新设置或随时进行修改。设置页面既可以在文档的输入之前，也可以在输入的过程中或文档输入之后进行。

（1）设置纸张

默认情况下，Word 创建的文档是纵向排列的，用户可以根据需要调整纸张的大小和方向。

单击"页面布局"选项卡"页面设置"组中的"纸张方向"命令按钮，可在打开的下拉列表中选择"纵向"或"横向"。

单击"纸张大小"下拉按钮，其下拉列表中列出了系统自带的标准的纸张尺寸，可从中选择打印纸型，用户也可以对标准纸型进行微调，具体方法为：在"纸张大小"下拉列表中选择"其他页面大小"命令或单击"页面设置"组右下角的对话框启动器按钮，均可弹出"页面设置"对话框，如图 3-23 所示。在"纸张"选项卡中选择一种纸张尺寸，"宽度和高度"微调框中即显示纸张的尺寸，单击"宽度"和"高度"微调框右侧的按钮可进行微调。

（2）设置页边距

在"页面设置"对话框中选择"页边距"选项卡，如图 3-24 所示，在"页边距"选项组的"上""下""左""右"微调框中分别输入页边距的值；在"纸张方向"选项组中选择"纵向"或"横向"以确定文档页面的方向；如果打印后需要装订，则在"装订线"微调框中输入装订线的宽度，在"装订线位置"下拉列表框中选择装订线的位置。单击"确定"按钮完成页边距的设置。

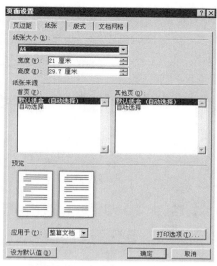

图 3-23　"纸张"选项卡

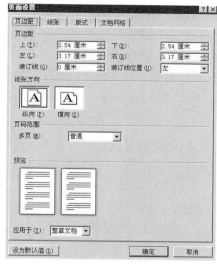

图 3-24　"页边距"选项卡

（3）设置页面版式

在"页面设置"对话框中选择"版式"选项卡，如图 3-25 所示，在该选项卡中可以对包括节、页眉、页脚的位置等进行设置。

① 文档版式的作用单位是"节"，每一节中的文档具有相同的页边距、页面格式、页眉/页脚等版式设置。在"节的起始位置"下拉列表中选择当前节的起始位置。

② 在"页眉和页脚"选项组中选中"奇偶页不同"复选框，则可在奇数页和偶数页上设置不同的页眉/页脚。选中"首页不同"复选框，可以使节或文档首页的页眉或页脚与其他页的页眉或页脚不同。可以在"页眉"或"页脚"微调框中输入页眉距纸张边界的距离或页脚距纸张边界的距离。

（4）设置文档网格

在"页面设置"对话框中选择"文档网格"选项卡，如图 3-26 所示，可设置文字排列的方向、分栏数、每页行数和每行字符数。

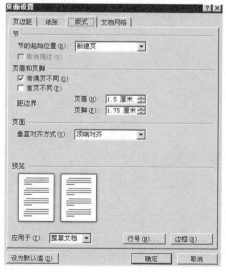

图 3-25　"版式"选项卡

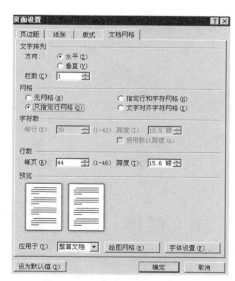

图 3-26　"文档网格"选项卡

在"网格"选项组中选择一种网格。各选项的含义如下。

① 只指定行网络：用于设定每页中的行数。在"每页"微调框中输入行数，或者在"跨度"微调框中输入跨度的值。

② 指定行和字符网格：同时设定每页的行数及每行的字符数。

③ 文字对齐字符网格：输入每页的行数和每行的字符数后，Word 严格按照输入的数值设置页面。

3.3.4 文件打印

创建好 Word 文档后，有时需要将文档打印出来。

（1）打印前的准备工作

在打印文档前要准备好打印机：接通打印机电源，连接打印机与主机，加打印纸，检查打印纸与设置的打印纸是否吻合等。

（2）打印预览

一般情况下，打印预览用于预览打印页面，预览页面与最终的打印页面效果是一致的，在预览页面时，如果发现有不妥之处，可随时修正，这样一方面节约打印纸，另一方面提高了工作效率。

单击"文件"｜"打印"命令，在左侧可以设置打印选项，如设置打印文档的份数，选择需要使用的打印机等。在右侧可以看到排好版的效果，如图 3-27 所示。设置完成后，单击"打印"按钮即可对文档进行打印。

图 3-27　设置"打印"选项

3.4　图文混排

要想使文档具有很好的美观效果，仅仅通过编辑和排版是不够的，有时还需要在文档中适当的位置放置一些图片，并对其进行编辑修改以增加文档的美观程度。在 Word 2010 中，为用户提供了功能强大的图片编辑工具，无需其他专用的图片工具，即能完成对图片的插入、剪裁和添加图片特效，也可以更改图片亮度、对比度、颜色饱和度、色调等，能够轻松、快速地将简单的文档转换为图文并茂的艺术作品。

3.4.1 插入图片

1.插入剪贴画

Word 在自带的剪辑库中提供了大量的图片，从花草到动物，从建筑物到风景名胜等，用户可以从中选择所需的图片，并插入到文档中。

STEP 1 打开文档，将光标移动到要插入图片的位置。

STEP 2 单击"插入"选项卡"插图"组中"剪贴画"命令按钮。

STEP 3 在右边出现的"剪贴画"任务窗格中单击"搜索"按钮，如图 3-28 所示，再单击所需的剪贴画，或者右键单击所需剪贴画，在弹出的快捷菜单中再单击"插入"按钮，即可将图片插入到指定位置。

图 3-28　搜索剪贴画

2.使用"屏幕截图"功能

"屏幕截图"是 Word 2010 新增内置功能，使用这个屏幕截图功能，可以随心所欲地将活动窗口截取为图片插入 Word 文档中。

（1）快速插入窗口截图

Word 的"屏幕截图"可以智能监视活动窗口（打开且没有最小化的窗口），可以很方便地截取活动窗口的图片插入正在编辑的文档中。

用户首选选择屏幕窗口，单击"插入"选项卡"插图"组中的"屏幕截图"按钮，在打开的"可视窗口"库中选择当前打开的窗口缩略图，选择所需要的图片，Word 自动截取窗口图片并插入文档中，如图 3-29 所示。

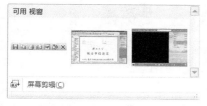
图 3-29　打开窗口缩略图

（2）自定义屏幕截图

用 Word 写文章过程中，除了需要插入软件窗口截图，更多时候需要插入的是特定区域的屏幕截图，Word 的"屏幕截图"功能可以截取屏幕的任意区域插入文档中。

单击"插入"选项卡"插图"组中"屏幕截图"命令按钮，并在打开的库中选择"屏幕剪辑"选项，将光标移动到需要截取图片的开始位置，按住鼠标左键拖至合适位置处释放鼠标，即可完成自定义截取的图片。

3.插入图形文件

在 Word 中，可以插入其他图形文件中的图片，如.bmp，.jpg，.gif 等类型。

把光标移动到要插入图片的位置，单击"插入"选项卡"插图"组中的"图片"命令按钮，系统弹出"插入图片"对话框，如图 3-30 所示。在对话框中选择要用的图形文件，单击"插入"按钮即可。

4.插入自选图形

Office 提供的"形状"包括的图形类型有线条、基本形状、箭头总汇、流程图、标注、星与旗帜等。这些图形可以调整大小、旋转、着色及组合成更复杂的图形。可用如下方法绘制图形。

STEP 1 单击"插入"选项卡"插图"组中的"形状"命令按钮，打开"形状"下拉列表，再从列表中选择所需的一种形状图形。

STEP 2 鼠标指针变成十字形，把鼠标指针移到要插入图形的位置，按下左键拖动鼠标即可完成自选图形的绘制。

3.4.2　图片格式设置

插入了图片之后，还可以对它进行格式设置，如设置文字环绕、缩放、剪裁、添加填充色和边框等。

1. 设置文字环绕方式

所谓文字环绕，是指图片周围的文字分布情况。在 Word 文档中插入图片有两种方式：嵌入式和浮动式。嵌入式直接将图片放置在文本中，可以随文本一起移动及设定格式，但图片本身无法自由移动。浮动式使图片被文字环绕，或者将图片衬于文字下方或浮于文字上方，图片能够在页面上自由移动，但当移动图片时会使周围文字的位置发生变化，甚至造成混乱。

图 3-30　"插入图片"对话框

Word 默认的插入图片方式为嵌入式，若要更改默认的文字环绕方式，方法如下。

STEP 1 双击要修改的图片，此时在快速访问工具栏上出现"图片工具"选项。

STEP 2 单击"图片工具"的"格式"选项卡，在"排列"组中单击"自动换行"命令按钮（或右击图片，在快捷菜单中选择"自动换行"命令），在打开的下拉列表中选择所需选项。

设置文字环绕方式后，Word 会自动将图片的"嵌入式"改为"浮动式"。

2. 移动图片

选定要移动的图片，把指针移到图片上方，当指针变成十字箭头形状按住鼠标左键进行拖动，拖至目标位置后释放鼠标，即可完成图片位置的移动。

3. 缩放图片

选定图片，将指针移到图片 8 个控点中的任一个，当指针变成双向箭头形状时按住鼠标左键进行拖动。拖至目标大小后释放鼠标即可完成对图片的大小的改变。

如果要对图片大小做精确调整，可以单击"图片工具"的"格式"选项卡，在"大小"组中的"高度"和"宽度"框中输入具体数值即可。

4. 裁剪图片

当只需图片其中一部分时，可以把多余部分隐藏起来。方法如下。

STEP 1 选定需要裁剪的图片，切换至"图片工具"的"格式"选项卡。

STEP 2 在"大小"组中单击"裁剪"选项，拖动所选图片边缘出现的裁剪控制手柄至合适位置，释放鼠标并按下【Enter】键，完成图片的裁剪。

如果要恢复被裁剪掉的部分，只要按照上述操作步骤，并用鼠标在要恢复的部分向图片外部拖动即可。

5. 调整重叠图形的层次关系

插入到文档的多个浮动式图形对象可以重叠。重叠的对象就形成了重叠的层次，即上面的对象部分遮盖了下面的对象。利用下面的方法可以调整重叠对象之间的层次关系。

① 选定要调整层次关系的对象。如果该图形被遮盖在其他图形的下方，可以按 Tab 键向前循环选定。

② 右击鼠标，从快捷菜单中选择"置于顶层"或"置于底层"命令，再从其级联菜单中选择"上移一层""浮于文字上方"或"下移一层""衬于文字下方"等选项。

6. 组合图形对象和取消组合

当需要对多个浮动式图形对象进行同时操作时，可将这多个对象组合在一起，以后把它们作为一个对象来使用。

① 组合图形对象。选定要组合的图形对象（按住【Shift】键的同时，分别单击要组合的图形对象）后，松开【Shift】键，在选定区域内右击鼠标，从快捷菜单中选择"组合"命令；或者在"排列"组中单击"组合"命令按钮，在展开的下拉列表中选择"组合"选项。

② 取消组合。选定要取消组合的图形后，右键单击鼠标，从快捷菜单中选择"组合"命令，再从其级联菜单中选择"取消组合"命令，即可完成取消选定图形的组合。

3.4.3 插入艺术字

艺术字是具有特殊效果的文字，用户可以在文档中插入 Word 2010 艺术字库中所提供的任一效果的艺术字。

① 将光标移动到文档中要显示艺术字的位置。

② 单击"插入"选项卡"文本"组中的"艺术字"命令按钮，在弹出的艺术字样式框中选择一种样式。

③ 在文本编辑区中"请在此放置您的文字"框中键入文字即可。

艺术字插入文档中后，快速访问工具栏上出现用于艺术字编辑的绘图工具"格式"选项卡，利用"形状样式"组中的命令按钮可以对显示艺术字的形状进行边框、填充、阴影、发光、三维效果等设置。利用"艺术字样式"组中的命令按钮可以对艺术字进行边框、填充、阴影、发光、三维效果和转换等设置。与图片一样，也可以通过"排列"组中的"自动换行"命令按钮下拉框对其进行环绕方式的设置。

3.4.4 使用文本框

文本框是存放文本的容器，也是一种特殊的图形对象。

① 单击"插入"选项卡"文本"组中的"文本框"命令按钮，将弹出如图 3-31 所示的下拉框。

② 如果要使用已有的文本框样式，直接在"内置"栏中选择所需的文本框样式即可。

③ 如果要手工绘制文本框，选择"绘制文本框"项；进行选择后，鼠标光标在文档中变成"十"字形状，将鼠标移动到要插入文本框的位置，按下鼠标左键并拖动至合适大小后松开即可。

④ 在插入的文本框中输入文字。

文本框插入文档后，在快速访问工具栏中显示出绘图工具"格式"选项卡，文本框的编辑方法与艺术字类似，可以对其及其上文字设置边框、填充色、阴影、发光、三维旋转等。若想更改文本框中的文字方向，单击"文本"组中的"文字方向"命令按钮，在弹出的下拉框中进行选择即可。

图 3-31 "文本框"按钮下拉框

3.5 表格处理

表格是用于组织数据的最有用的工具之一，以行和列的形式简明扼要地表达信息，便于读者阅读。在 Word 2010 中，不仅可以非常快捷地创建表格，还可以对表格进行修饰以增加其视觉上的美观程度，而且还能对表格中的数据进行排序及简单计算等。

3.5.1 创建表格

1. 插入表格

要在文档中插入表格，先将光标定位到要插入表格的位置，单击"插入"选项卡"表格"组中的"表格"命令按钮，弹出"插入表格"下拉框，如图 3-32 所示，其中显示一个示意网格，沿网格右下方移动鼠标，当达到需要的行列位置后单击鼠标即可。

除上述方法外，也可选择下拉框中的"插入表格"项，弹出如图 3-33 所示对话框，在"列数"文本框中输入列数，"行数"文本框中输入行数，在"自动调整操作"选项中根据需要进行选择，设置完成后单击"确定"按钮即可创建一个表 3-1 所示的学生成绩表。

图 3-32 "表格"按钮下拉框

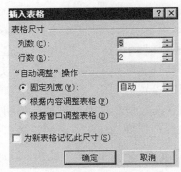

图 3-33 "插入表格"对话框

表 3-1　学生成绩表

姓名	语文	英语	计算机
王一	88	80	93
李明	91	79	90
张芳	79	87	81

2. 绘制表格

插入表格的方法只能创建规则的表格，对于一些复杂的不规则表格，则可以通过绘制表格的方法来实现。要绘制表格，需单击如图 3-32 所示的"绘制表格"选项，之后将鼠标移到文本编辑区会看到鼠标已经变成一个笔状图标，此时就可以像自己拿了画笔一样通过鼠标拖动画出所需的任意表格。需要注意的是，首次通过鼠标拖动绘制出的是表格的外围边框，之后才可以绘制表格的内部框线，要结束绘制表格，双击鼠标或者按【Esc】键。

3. 快速制表

要快速创建具有一定样式的表格，选择如图 3-32 所示的"快速表格"选项，在弹出的子菜单中根据需要单击某种样式的表格选项即可。

3.5.2　编辑表格

1. 选定表格

在对表格进行编辑之前，需要学会如何选中表格中的不同元素，如单元格、行、列或整个表格等。Word 2010 中有如下一些选中技巧。

① 选定一个单元格：将鼠标移动到该单元格左边，当鼠标变成实心右上方向的箭头时单击鼠标左键，该单元格即被选中。

② 选定一行：将鼠标移到表格外该行的左侧，当鼠标变成空心右上方向的箭头时单击鼠标左键，该行即被选中。

③ 选定一列：将鼠标移到表格外该列的最上方，当鼠标变成实心向下方向的黑色箭头时单击鼠标左键，该列即被选中。

④ 选定整个表格：可以拖动鼠标选取，也可以通过单击表格左上角的被方框框起来的四向箭头图标来选中整个表格。

2. 调整行高和列宽

调整行高是指改变本行中所有单元格的高度，将鼠标指向此行的下边框线，鼠标会变成垂直分离的双向箭头，直接拖动即可调整本行的高度。

调整列宽是指改变本列中所有单元格的高度，将鼠标指向此列的右边框线，鼠标会变成水平分离的双向箭头，直接拖动即可调整本列的宽度。要调整某个单元格的宽度，则要先选中该单元格，再执行上述操作，此时的改变仅限于选中的单元格。

也可以先将光标定位到要改变行高或列宽的那一行或列中的某一单元格，此时，功能区中会出现用于表格操作的两个选项卡"设计"和"布局"，再单击"布局"选项卡中"单元格大小"组中显示当前单元格行高和列宽的两文本框右侧的上下微调按钮，即可精确调整行高和列宽。

3. 合并和拆分

在创建一些不规则表格的过程中，可能经常会遇到要将某一个单元格拆分成若干个小的单元格，或者要将某些相邻的单元格合并成一个，此时就需要使用表格的合并与拆分功能。

（1）合并单元格

要合并某些相邻的单元格，首先要将其选中，然后单击功能区的"布局"选项卡"合并"组中的"合并单元格"命令按钮，或者单击鼠标右键，在弹出的快捷菜单中选择"合并单元格"命令，就可以将选中的多个单元格合并成一个，合并前各单元格中的内容将以一列的形式显示在新单元格中。

（2）拆分单元格

要将一个单元格拆分，先将光标放到该单元格中，然后单击功能区的"布局"选项卡"合并"组中的"拆分单元格"命令按钮，在弹出的"拆分单元格"对话框中设置要拆分的行数和列数，最后单击"确定"按钮即可。原有单元格中的内容将显示在拆分后的首个单元格中。

（3）拆分表格

如果要将一个表格拆分成两个，先将光标定位到拆分分界处（即第二个表格的首行上），再单击功能区的"布局"选项卡"合并"组中的"拆分表格"命令按钮，即完成了表格的拆分。

4.插入行、列

要在表格中插入新行或新列，只需将光标定位到要在其周围加入新行或新列的那个单元格，再根据需要选择功能区的"布局"选项卡"行和列"组中的命令按钮，单击"在上方插入"或"在下方插入"可以在单元格的上方或下方插入一个新行，单击"在左侧插入"或"在右侧插入"可以在单元格的左侧或右侧插入一个新列。

在此，对表 3-1 进行修改，为其插入一个"平均分"行和一个"总分"列，得到表 3-2。

表 3-2　插入新行和列的学生成绩表

姓名	语文	英语	计算机	总分
王一	88	80	93	
李明	91	79	90	
张芳	79	87	81	
平均分				

5.删除行、列

要删除表格中的某一列或某一行，先将光标定位到此行或此列中的任一单元格中，再单击功能区的"布局"选项卡"行和列"组中的"删除"按钮，在弹出的下拉框中根据需要单击相应的选项即可。若要一次删除多行或多列，则需将其都选中，再执行上述操作。需要注意的是，选中行或列后直接按【Delete】键只能删除其中的内容而不能删除行或列。

6.更改单元格对齐方式

单元格中文字的对齐方式一共有 9 种，默认的对齐方式是靠上左对齐。要更改某些单元格的文字对齐方式，先选中这些单元格，再单击功能区的"布局"选项卡，在"对齐方式"组中可以看到 9 个小的图例按钮，根据需要的对齐方式单击某个按钮即可；也可以选中后单击鼠标右键，在弹出的快捷菜单中单击"单元格对齐方式"项下的某个图例选项。在此，将表 3-2 中的所有内容都设置为水平和垂直方向上都居中，得到表 3-3。

表 3-3 对齐设置后的学生成绩表

姓名	语文	英语	计算机	总分
王一	88	80	93	
李明	91	79	90	
张芳	79	87	81	
平均分				

7. 绘制斜线表头

在创建一些表格时，需要在行首的第一个单元格中分别显示出行标题和列标题，有时还需要显示出数据标题，这就需要通过绘制斜线表头来进行制作。

要为表 3-3 绘制斜线表头，可以通过以下步骤来实现。

STEP 1 将光标定位在表格首行的第一个单元格当中，并将此单元格的尺寸调大。

STEP 2 单击功能区的"设计"选项卡，在"表格样式"组的"边框"按钮下拉框中选择"斜下框线"选项即可在单元格中出现一条斜线。

STEP 3 在单元格中的"姓名"文字前输入"科目"后按回车键。

STEP 4 调整两行文字在单元格中的对齐方式，分别为"右对齐""左对齐"，完成设置后见表 3-4。

表 3-4 插入斜线表头后的学生成绩表

科目 姓名	语文	英语	计算机	总分
王一	88	80	93	
李明	91	79	90	
张芳	79	87	81	
平均分				

8. 重复表格标题

若一个表格很长，跨越了多页，往往需要在后续的页上重复表格的标题，操作方法如下。

STEP 1 选定要作为表格标题的一行或多行文字，其中应包括表格的第一行。

STEP 2 单击表格，在快捷菜单中选择"表格属性"命令，打开"表格属性"对话框。

STEP 3 切换至"行"选项卡，如图 3-34 所示，勾选"在各页顶端以标题行形式重复出现"前面复选框。

STEP 4 单击"确定"按钮即可。

9. 表格与文本的相互转换

表格转换在文本编辑中经常使用。有时需要将文本转换成表格，以便说明一些问题，或将表格转

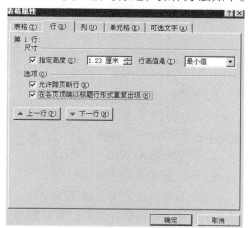

图 3-34 "表格属性"对话框"行"选项卡

换成文本，以增加文档的可读性及条理性。

（1）要把一个表格转换为文本

先选择整个表格或将光标定位到表格中，再单击功能区的"布局"选项卡"数据"组中的"转换为文本"命令按钮，在弹出的"表格转换成文本"对话框中选择分隔单元格文字的分隔符，如图 3-35 所示，单击"确定"即可将表格转换成文本。

（2）把文本转换为表格

将文本转换为表格时，首先要在文本中添加逗号、制表符或其他分隔符来把文本分行、分列，然后选择要转换的文本，单击"插入"选项卡"表格"组中的"表格"按钮，在下拉菜单中选择"文本转换成表格"命令，打开"将文字转换成表格"对话框，如图 3-36 所示，单击"确定"按钮，Word 会自动检测出文本中的分隔符，并计算出表格的列数。

图 3-35 "表格转换成文本"对话框

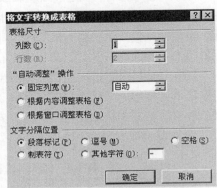

图 3-36 "将文字转换成表格"对话框

3.5.3 表格格式化

1. 表格外观格式化

表格外观格式化有很多种形式，如为表格添加边框、添加底纹，以及套用表格样式等。

（1）为表格添加边框

在 Word 2010 中操作表格时，单击功能区中的"设计"选项卡"表格样式"组中的"边框"下拉按钮，执行"边框和底纹"命令，在弹出的"边框和底纹"对话框中进行设置，同样也可以在"边框"下拉按钮中选择一种边框样式对边框进行设置，如图 3-37 所示。

（2）为表格添加底纹

选择要添加底纹的区域，单击功能区中的"设计"选项卡"表格样式"组中的"底纹"下拉按钮，在其下拉列表中选择一种色块，如"红色"色块。也可以在"边框和底纹"对话框中单击"底纹"标签，在"填充颜色"下拉列表中选择一种色块，如图 3-38 所示。

（3）套用表格样式

Word 2010 为用户提供了多种表格样式，单击功能区的"设计"选项卡"表格样式"组中的下拉按钮，在"内置"区域选择一种表格样式，即可套用表格样式，如图 3-39 所示。

2. 表格内容格式化

（1）设置表格内的文字方向

选择需要设置的单元格（或是行、列，甚至是整个表格），单击功能区中的"布局"选项卡"对齐方式"组，在所列 9 个选项中单击所需要的格式，完成操作。

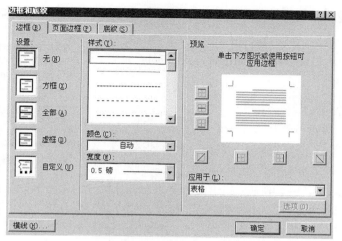

图 3-37   "边框和底纹"边框选项卡

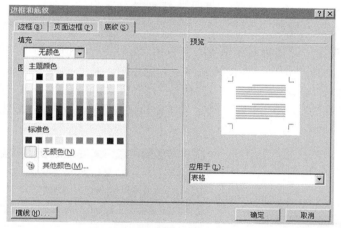

图 3-38   "边框和底纹"底纹选项卡

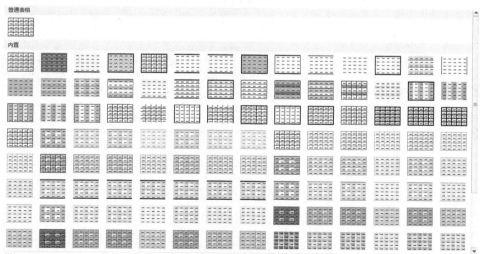

图 3-39   套用表格样式

（2）设置表格内的文字方向

选择单元格，单击鼠标右键，在弹出的菜单中选择"文字方向"，在弹出的对话框中选择相应的文字方向，完成操作，如图 3-40 所示。

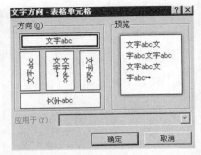

图 3-40　设置表格中的文字方向

3.5.4　表格数据的处理

1. 对表格数据进行计算

Word 2010 提供了少量的函数（求和、求平均值等），利用这些函数可以对表格中的数据进行简单运算。如图 3-41 所示，假设我们要对表 3-4 中王一的语文、英语、计算机三门课程计算总分，先选中存放总分的单元格，然后单击功能区中的"布局"选项卡"数据"组中的"公式"命令按钮，弹出"公式"对话框，在"粘贴函数"下拉列表中选择相应的函数，此处要计算成绩总和，所以选择 SUM() 函数，然后在"公式"下方的文本框中补齐参数（一般提供默认参数），单击"确定"按钮即完成计算。

2. 对表格数据进行排序

Word 中的数据排序通常针对表格中的列数据，它可以将表格中指定列的数据按一定规则排序，该列数据所对应的相应行也将随之调整。操作时，将光标置于表格内的任意位置，单击功能区中的"布局"选项卡"数据"组中的"排序"命令按钮，弹出"排序"对话框，选择排序的参数（不选为默认），单击"确定"按钮后完成排序，表中的数据发生相应的变化，如图 3-42 所示。

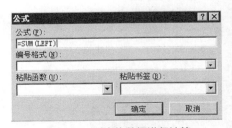

图 3-41　对表格数据进行计算

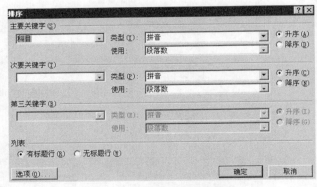

图 3-42　对表格数据进行排序

本章习题

1. 在 Word2010 中录入下列文本，并按要求进行相应的操作。

EXCEL 2000 简介

所谓电子表格，是指一种数据处理系统和报表制作工具软件，只要将数据输入到规律排列的单元格中，便可依据数据所在单元格的位置，利用多种公式进行算术运算和逻辑运算，分析汇总各单元格中的数据信息，并且可以把相关数据用各种统计图的形式直观地表示出来。

Microsoft Excel 不仅具有一般电子表格所包括的处理数据、绘制图表和图形功能，还具有智能化计算和数据库管理能力。它提供了窗口、菜单、工具按钮以及操作提示等多种友好的界面特性，十分便于用户使用。

① 标题行居中，并为标题文本设置黑体、加粗、四号字并加波浪形下划线。

② 给第 2 自然段添加边框，并设置灰度 15%的底纹。

③ 将各自然段设为首行缩进 2 个字符。

④ 将第 1 自然段设为等宽的两栏，并添加分隔线。

⑤ 在第 2 自然段的中间位置上任意插入一个剪贴画，剪贴画的大小设为原来的 20%，且为"四周型"环绕方式。

⑥ 把系统日期和页码作为页脚，右对齐。

2. 在 Word2010 中录入下列文本，并按要求进行相应的操作。

各位"发烧级网虫"，你是否正在绞尽脑汁地完善自己的网页？你是否正费劲心思想要搞一个 CGI 程序？

不用慌，我们将为大家提供最前沿的动态网页技术。今天为大家请来 INTRANET & ASP 站点负责人 LWW（地道的中国人哟）为大家先上一堂 ASP 基础课，包括最基础的交互界面设计及大家最关心的数据库访问技术，一起来看看吧。

① 输入上述文字；

② 标题作成如上所示艺术字；

③ 将第一段中"自己的网页"下面加着重号；

④ 将第二段中的"INTRANET & ASP"加一个双线的边框；

⑤ 将第二段分为两栏；

⑥ 为页面添加页眉"发烧级网虫"及页码；

⑦ 将第二段与第一段的间的段间距调为 0.5 行。

3. 在 Word2010 中录入下列文本，并按要求进行相应的操作。

不论是 CGI、IDC、JAVA,还是其他的什么技术，都是通过嵌在 WWW 页面中的 Form 来让浏览器的用户输入信息,然后由 Form 执行提交动作,把数据传给服务器,服务器再把数据传给

CGI。这次就让我们来看一看在 ASP 中,怎样获得用户在 Form 中 **输入的数据** 输入的数据,

同时,我们还将学到 ASP 是怎样将结果返回到 WWW 页面的。

① 输入上述文字；

② 给文章加一标题"上机考试"，将其作为艺术字，形式自定；

③ 将上段文字复制两次，形成一个具有三段的文章；

④ 将每段的首行缩进三个字符；

⑤ 将"输入数据"设置成文章中的形式，要求背影是浅绿色，底纹是浅黄色；

⑥ 在第一段中任意插入一图片，自己调节其大小，使文字四周型环绕该图片；

4. 在 Word2010 中录入第 3 题中的文本，并按要求进行相应的操作。

输入上述形式的文字；

① 将文章标题 "ASP 简介" 设置成正三角形的艺术字，颜色为浅蓝色，字号为 60，高度为 40 磅，字体为楷体；

② 设置页脚 "期末上机考试"；

③ 将文章的第三段分成两栏，并在两栏间加分隔线；

④ 将上面三段文字均采用悬挂缩进的形式；

⑤ 给整个页面加边框，边框形式、线条自选；

⑥ 将该文件保存到桌面上，文件名为 "练习"。

PART 4

第 4 章
电子表格处理软件
Excel 2010

4.1 Excel 基础

Excel 是一种电子表格处理软件，在 Excel 电子表格中不仅可以插入文本、数据、图表及多媒体对象，而且还能对表格中的大量数据进行处理和分析。

Excel 自发布以来，广泛使用的版本有 Excel 2003/2007/2010，经过不断地更新完善，目前使用最多、最新的版本是 Excel 2010。

4.1.1 Excel 2010 启动、退出和窗口组成

1. Excel 2010 的启动

如果要启动 Excel 2010，可用以下方法之一。

（1）单击"开始"|"所有程序"|"Microsoft Office"|"Microsoft Excel 2010"命令，即可启动 Microsoft Excel 2010。

（2）如果在桌面上或其他目录中建立了 Excel 的快捷方式，可直接双击该图标即可。

（3）如果在快速启动栏中建立了 Excel 的快捷方式，可直接单击快捷方式图标即可。

（4）在资源管理器中双击任意一个 Excel 文档也可启动 Excel 2010。

2. Excel 2010 的退出

如果要退出 Excel 2010，可用以下方法之一。

（1）单击 Excel 2010 窗口中标题栏右上角的关闭按钮（ ⊠ ），可快速退出主程序。

（2）单击"文件"|"退出"命令，可快速退出当前开启的 Excel 工作簿。

（3）直接按【Alt+F4】组合键。

3. Excel 的窗口组成

Excel 2010 提供了全新的应用程序操作界面，其工作窗口组成元素如图 4-1 所示，其中部分窗口组成元素与 Word 2010 界面相同或类似，在此不再复述。

（1）快速访问工具栏：用于放置用户经常使用的命令按钮，快速启动工具栏中的命令可以根据用户的需要增加或删除。

（2）标题栏与菜单栏：标题栏中显示当前工作簿的名称；菜单栏是显示 Excel 所有的菜单，如文件、开始、插入、页面布局、公式、数据、审阅、视图菜单。

（3）功能区：由选项组和各功能按钮组成所组成。

（4）选项组：位于功能区中。如"开始"标签中包括"剪贴板、字体、对齐"等选项组，相关的命令组合在一起来完成各种任务。

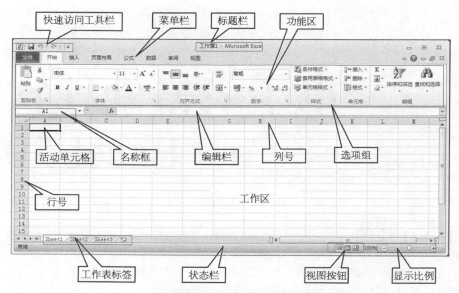

图 4-1　Excel 2010 窗口组成元素

（5）名称框与编辑栏：名称框是用于显示工作簿中当前活动单元格的单元引用。编辑栏用于显示工作簿中当前活动单元格的存储的数据。

（6）工作区：用于编辑数据的单元格区域，Excel 中所有对数据的编辑操作都在此进行。

（7）工作表标签：显示工作表的名称，单击某一工作表标签可进行工作表之间的切换。

（8）状态栏：位于 Excel 界面的底部的状态栏可以显示许多有用的信息，如计数、和值、输入模式、工作簿中的循环引用状态等。

（9）视图按钮：包括"普通"视图、"页面布局"视图和"分页预览"视图，单击想要显示的视图按钮即可切换到相应的视图方式下，对工作表进行查看。

4.1.2　Excel 基本术语与概念

1. 工作簿

工作簿是用来存储并处理数据的文件，工作簿文件是 Excel 存储在磁盘上的最小独立单位，它可以由 1～255 张工作表组成。启动 Excel 后，系统会自动打开一个新的空白的工作簿，Excel 会自动为其命名为"工作簿 1"，其扩展名为.xlsx。

2. 工作表

工作表是工作簿的重要组成部分，是单元格的集合。工作表是 Excel 进行组织和数据管理的地方，用户可以在工作表上输入数据、编辑数据、设置数据格式、排序数据和筛选数据等。

一般来说，一张工作表保存一类相关信息，这样在一个工作簿中可以管理多个类型的相关信息。新建一个工作簿时，Excel 默认提供 3 个工作表，分别是 Sheet1、Sheet2 和 Sheet3，分别显示在工作表标签中，用户可以根据实际情况增加或删除工作表。

工作表是通过工作表标签来标识的，工作表标签显示于工作表区域的底部，用户可以通过单击不同的工作表标签来进行工作表之间的切换。在使用工作簿文件时，只有一个工作表是当前活动的工作表。

3.单元格

单元格是工作表的最小单位，也是 Excel 用于保存数据的最小单位，每个单元格的位置是通过它的行号和列号来确定的。单元格中可以输入各种数据，如一组数字、一个字符串、一个公式，也可以是一个图形或是一个声音等。

4.2　Excel 2010 的基本操作

4.2.1　新建工作簿

创建工作簿有 3 种情况：一是建立空白工作簿，二是根据现有工作簿新建，三是用 Excel 本身所带的模板创建。

1.建立空白工作簿

STEP 1 启动 Excel 后，立即创建一个新的空白工作簿。

STEP 2 按【Ctrl+N】组合键，立即创建一个新的空白工作簿。

STEP 3 单击"文件"|"新建"命令，在右侧任务窗格中选择"空白工作簿"，接着单击"创建"按钮，立即创建一个新的空白工作簿。

新创建的空白工作簿，其临时文件名格式为工作簿 1、工作簿 2、工作簿 3……生成空白工作簿后，可根据需要输入编辑内容。

2.根据现有工作簿建立新的工作簿

根据现有工作簿建立新的工作簿时，新工作簿的内容与选择的已有工作簿内容完全相同。

单击"文件"|"新建"命令，在右侧选中"根据现有工作簿"，打开"根据现有工作簿新建"对话框，选择对应文件夹中现有的工作簿（图 4-2），单击"新建"按钮即可。

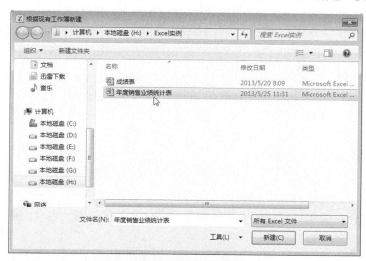

图 4-2　"根据现有工作簿新建"对话框

3.根据模板建立工作簿

根据模板建立工作簿的操作步骤如下。

STEP 1 单击"文件"|"新建"命令。

STEP 2 在"模板"栏中有"可用模板""Office.com 模板"，可根据需要进行选择，如图 4-3 所示。

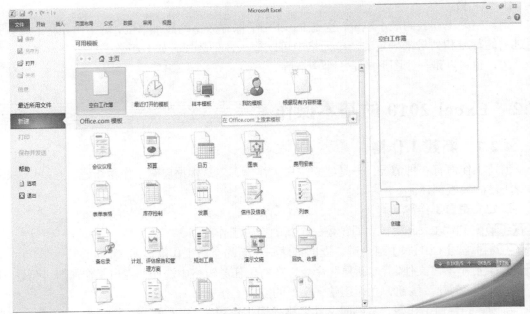

图 4-3　根据模板新建工作簿任务窗格

4.2.2　工作簿的打开、保存和关闭

1. 工作簿的打开

打开工作簿的一般操作步骤如下。

STEP 1 单击"文件"|"打开"标签,弹出"打开"对话框。

STEP 2 在"查找范围"列表中,指定要打开文件所在的驱动器、文件夹或 Internet 位置。

STEP 3 在文件夹及文件列表中,选定要打开的工作簿文件。

STEP 4 单击"打开"按钮。

2. 工作簿的保存

对于一个已保存过的工作簿的内容做过修改或编辑,常用的保存方法有单击"文件"|"保存"命令,或单击工具栏的"保存"按钮 ☑,或按组合键【Ctrl+S】。以上操作都会将文档以第一次保存时的位置和文件名进行保存。

新建工作簿保存的操作方法如下。

STEP 1 单击工具栏上的"保存"按钮或单击"文件"|"保存"命令或单击"文件"|"另存为"命令,打开"另存为"对话框。

STEP 2 在"保存位置"列表框中选择要保存文件的具体位置,在"文件名"文本框中,输入新的文件名。若输入的文件名与已有的文件名相同,系统将提醒用户是否替换已有文件。在"保存类型"列表框中指定文档的类型,Excel 默认保存文件类型为"Excel 工作簿",扩展名为".xlsx",还可以保存其他类型的文件。

STEP 3 单击"保存"按钮即可。

3. 工作簿的关闭

关闭工作簿并且不退出 Excel,可以通过下面方法来实现。

单击"文件"|"关闭"命令,或单击工作簿右边的关闭窗口按钮 ☒,或按【Ctrl+F4】组合键。

4.2.3　工作表的基本操作

1.重命名工作表

对工作表的名称可以进行重新命名，操作步骤如下。

STEP 1 选择要重新命名的工作表标签。

STEP 2 用鼠标右键单击要重命名的工作表标签，选择快捷菜单中的"重命名"命令。

STEP 3 输入新名称后回车确认即覆盖当前名称。

2.移动或复制工作表

（1）鼠标拖动完成

在同一工作簿内进行移动或复制工作表，可用鼠标拖动来实现。

如果要移动工作表，则先选定要移动的工作表，鼠标指向该工作表标签，按住鼠标左键不放，并拖动鼠标，此时会有一个"▼"标记跟随移动，当标记到达移动的目标位置时，释放鼠标则可实现工作表的移动。

如果是复制工作表，则需要按着【Ctrl】键的同时，按住鼠标左键不放拖动鼠标，当标记▼到达目标位置时，释放【Ctrl】键与鼠标左键，则可实现工作表的复制。

（2）用对话框完成

如果要移动工作表，选择要移动的工作表，单击鼠标右键，在快捷菜单中选择"移动或复制工作表"命令，打开"移动或复制工作表"对话框，如图4-4所示。在"下列选定工作表之前"框中选择一个工作表（如sheet1），单击"确定"按钮即可将选择的工作表移动到指定工作表sheet1之前。

如果要复制工作表，应选中"建立副本"复选框，否则为移动工作表，最后单击"确定"按钮。

图4-4　"移动或复制"工作表

3.插入和删除工作表

（1）插入工作表

首先选择一个工作表（插入的表在此工作表之前），单击"开始"|"单元格"选项组中"插入"命令，在选项中单击"插入工作表"即可插入一个空白工作表。或在需插入表格的位置单击鼠标右键，在快捷菜单中点击"插入"命令，在弹出的选项中单击"工作表"后单击"确定"也可插入一个空白工作表。

（2）删除工作表

选择需要删除的工作表，单击"开始"|"单元格"选项组中"删除"命令，在选项中单击"删除工作表"即可删除当前工作表。或在需删除工作表标签位置单击鼠标右键，在快捷菜单中单击"删除"命令即可删除工作表。

在删除选定的工作表时，若工作表中有数据时会弹出提示对话框。工作表被删除后不能用"撤销"恢复。

4.在工作表中快速滚动

当工作表的数据较多，一屏不能完全显示时，可以拖动垂直滚动条和水平滚动条来上下或左右显示单元格数据，也可以单击滚动条两边的箭头按钮来显示数据，然后用鼠标单击要选的单元格。单元格操作也可使用键盘快捷键，见表4-1。

表 4-1　选择单元格的快捷键

箭头键（↑、↓、←、→）	向上、下、左或右移动一个单元格
Ctrl+箭头键	移动到当前数据区域的边缘
Home	移动到行首
Ctrl+Home	移动到工作表的开头
Ctrl+End	移动到工作表的最后一个单元格，该单元格位于数据所占用的最右列的最下行中
Page Down	向下移动一屏
Page Up	向上移动一屏
Alt+Page Down	向右移动一屏
Alt+Page Up	向左移动一屏

5.选择工作表

（1）选择单个工作表

要选定单个工作表，只需要在其工作表标签上单击即可。

（2）选择多个工作表

选择多个相邻的工作表：选中第一张工作表的标签，再按住【Shift】键，单击最后一张工作表的标签。

选择两张或多张不相邻的工作表：单击第一张工作表的标签，再按住【Ctrl】键，单击其他要选的工作表标签。

选定所有工作表：右键单击工作表标签，再单击快捷菜单上的"选定全部工作表"。

（3）取消选取的多张工作表

单击工作簿中任意一个工作表标签，或可用鼠标右键单击某个被选取的工作表的标签，选择快捷菜单上的"取消组合工作表"命令。

4.2.4　单元格的基本操作

1.清除单元格格式或内容

清除单元格，只是删除了单元格中的内容（公式和数据）、格式或批注，但是空白单元格仍然保留在工作表中。操作步骤如下。

STEP 1 选定需要清除其格式或内容的单元格或区域。

STEP 2 在"开始"|"编辑"选项组中单击"清除"下拉按钮，在下拉菜单中执行下列操作之一。

"全部清除"命令：可清除格式、内容、批注和数据有效性。

"清除格式"命令：可清除格式。

"清除内容"命令：可清除内容。也可单击【Delete】键直接清除内容；或右键单击选定单元格，选择快捷菜单中的"清除内容"。

"清除批注"命令：可清除批注。

"清除超链接"命令：可清除超链接。

2.删除单元格、行或列

删除单元格，是从工作表中移去选定的单元格及数据，然后调整周围的单元格填补删除后的空缺。操作步骤如下。

STEP 1 选定需要删除的单元格、行、列或区域。

STEP 2 在"开始"|"单元格"选项组中单击"删除"下拉按钮，在下拉菜单中进行选择删除或从快捷菜单中选择"删除"命令，打开其对话框，按需要进行选择并单击"确定"按钮。

3. 插入空白单元格、行或列

（1）选定要插入新的空白单元格、行、列。

若插入空白单元格：选定与要插入的空白单元格相同数目的单元格区域。

若插入一行：单击需要插入的新行之下相邻行中的任意单元格。如要在第 5 行之上插入一行，则单击第 5 行中的任意单元格。

若插入多行：选定需要插入的新行之下相邻的若干行。选定的行数应与要插入的行数相等。

若插入一列：单击需要插入的新列右侧相邻列中的任意单元格。如要在 B 列左侧插入一列，请单击 B 列中的任意单元格。

若插入多列：选定需要插入的新列右侧相邻的若干列。选定的列数应与要插入的列数相等。

（2）"开始"|"单元格"|"插入"下拉菜单上的"插入单元格""插入工作表行""插入工作表列"或"插入工作表"，如图 4-5 所示。如果单击"插入单元格"，则打开如图 4-6 所示对话框。也可从快捷菜单中选择"插入"命令，打开其对话框，选择插入整行、整列或要移动周围单元格的方向，最后单击"确定"按钮。

图 4-5 "插入"菜单

图 4-6 "插入"对话框

4. 选定单元格、行或列

在输入、编辑、移动或复制单元格内容之前，必须先选定单元格，被选定的单元格称为活动单元格。当一个单元格变为活动单元格时，它的边框变成黑线，其行号、列号会突出显示，可以看到其坐标，在名称框中将显示该单元格的名称。

选定单元格、行或列的操作见表 4-2。

表 4-2 选定操作

选定内容	操 作
单个单元格	单击相应的单元格，或用方向键移动到相应的单元格
连续的相邻单元格	单击选定该区域的第一个单元格，然后拖动鼠标直到选定的最后一个单元格，或单击第一个要选定的单元格，按住键盘上的【Shift】键，鼠标单击要选定的最后一个单元格

选定内容	操　作
不连续单元格的选定	单击选定该区域的第一个单元格，按住【Ctrl】键，鼠标单击其他要选定的单元格
所有单元格	单击第一列列号上面的矩形框，即"全选"按钮
整行	单击行号
整列	单击列号
相邻的行或列	沿行号或列号拖动鼠标，或先选定要选择的第一行或第一列，按住键盘上的【Shift】键，鼠标单击要选定的最后一行或最后一列
不相邻的行或列	先选定要选择的第一行或第一列，按住键盘上的【Ctrl】键，鼠标单击要选择的其他行或列
取消单元格选定区域	鼠标单击工作表中任意一个单元格

5.移动行或列

（1）选定需要移动的行、列或单元格。

（2）在"开始"｜"剪贴板"选项组中单击"剪切"按钮，或单击鼠标右键选择快捷菜单中的"剪切"按钮。

（3）选择要移动到的区域的行或列，或要移动到的区域的第一个单元格。

（4）在"开始"｜"单元格"选项组中单击"插入"下拉按钮，在下拉菜单中"插入剪切的单元格"命令，或单击鼠标右键后，在快捷菜单中用左键单击"粘贴选项："下方的" （粘贴）"图标。

6.移动或复制单元格

（1）选定要移动或复制的单元格。

（2）执行下列操作之一。

移动单元格：在"开始"｜"剪贴板"选项组中单击"剪切"命令，或单击鼠标右键后在快捷菜单中用左键单击"剪切"，再选择需粘贴区域的左上角单元格。

复制单元格：在"开始"｜"剪贴板"选项组中单击"复制"按钮，或单击鼠标右键后在快捷菜单中用左键单击"复制"，再选择需粘贴区域的左上角单元格。

将选定单元格移动或复制到其他工作表：在"开始"｜"剪贴板"选项组中单击"剪切"按钮或"复制"按钮，再单击新工作表标签。

将单元格移动或复制到其他工作簿：在"开始"｜"剪贴板"选项组中单击"剪切"按钮或"复制"按钮，再切换到其他工作簿。

（3）单击"开始"｜"剪贴板"选项组中"粘贴"按钮，也可单击鼠标右键后在快捷菜单中用左键单击"粘贴选项："下方的" （粘贴）"图标。

4.2.5　数据类型及数据输入

单元格中的数据有不同的类型，常用的数据类型分为文本型、数值型、日期/时间型、逻辑型。

1.文本型数据输入

工作表中选定要输入数据的单元格，就可以在其中输入数据，输入时单击要选定的单元格或双击要选定的单元格直接输入即可。

字符文本：包括英文字母、汉字、数字和符号，如 ABC、姓名、a10。

数字文本：由数字组成的字符串。先输入单引号，再输入数字，如：'12580。

2. 数值型数据输入

（1）输入数值：直接输入数字，数字中可包含一个逗号。如 123，1，895，710.89。

（2）输入分数：带分数的输入是在整数和分数之间加一个空格，真分数的输入是先输入 0 和空格，再输入分数。如 4 3/5、0 3/5。

（3）输入货币数值：先输入$或¥等货币符号，再输入数字。如$123、¥845。

（4）输入负数：先输入减号，再输入数字，或用圆括号（ ）把数括起来。如−1234、（1234）。

（5）输入科学计数法表示的数：直接输入。如 3.46E+10。

3. 日期/时间型数据输入

输入日期数据时直接输入格式为"yyyy/mm/dd"或"yyyy-mm-dd"的数据，也可是"yy/mm/dd"或"yy-mm-dd"的数据。输入时间数据时直接输入格式为"hh:mm[:ss] [AM/PM]"的数据。如 9:35:45，9:21:30 PM。

日期和时间数据输入：日期和时间用空格分隔。如 2013−4−21   9:03:00。

快速输入当前日期：按【Ctrl+;】组合键。

快速输入当前时间：按【Ctrl+:】组合键（即先按下【Ctrl+Shift】组合键，再按下【 : 】、【 ; 】键）。

4. 逻辑型数据输入

逻辑真值输入：直接输入"TRUE"。

逻辑假值输入：直接输入"FALSE"。

5. 数据自动输入

在输入数据时，如果数据为重复数据或一些有规律的数据，可在区域内使用数据自动输入。区域是连续的单元格，用单元格的左上角和右下角表示，如用 A5:E9 表示左上起于 A5 右下止于 E9 的 25 个单元格。Excel 对一些有规律性的数据可以在指定的区域进行自动填充。填充可以分为以下几种情况。

（1）自动填充

自动填充是根据初始值决定以后的填充值。方法是用鼠标先单击初始值所在的单元格，再将鼠标对准该单元格的右下角，当光标从空心十字（✥）变为实心十字（✚）时按下鼠标左键不放，并拖动至填充的最后一个单元格，释放鼠标即可完成填充。填充可以实现以下几种功能。

初始值为纯文本或数值，填充相当于数据的复制。

初始值为文本和数字的混合体，填充时文本不变，数值部分递增。例如，初始值为 N2，则填充递增为 N3、N4、N5 等。

初始值为预设的自动填充序列中的一员，按预设序列填充。例如，初始值为星期一，则填充为星期二、星期三、星期四等。

如果连续的单元格存在等差关系，如 1、3、5、…或 A3、A5、A7、…，则选中该区域，填充时按照数字序列的步长填充。

使用上述方法进行填充时，在释放鼠标左键后，在最后一个单元格右边将出现一个选择按钮▦，单击右下角的"+"号，将出现如图 4-7 所示的选项，在选项中可更改填充方式。

除使用上述方法外，用户还可以在"开始"|"编辑"选项组中单击"填充"菜单，在"填充"菜单中根据需要选择填充方式，如图 4-8 所示。其中"系列"可对填充类型、步长进行设定，如图 4-9 所示。最后单击"确定"按钮将创建一个序列。

图 4-7　填充方式更改

图 4-8　通过菜单填充

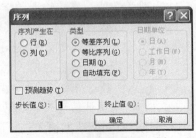

图 4-9　设置填充类型、步长

（2）特殊的自动填充

如果只想实施数据的简单复制，选中需要复制的单元格式区域，按下【Ctrl】键后再按住鼠标左键拖动填充柄，都将实施数据的复制，不论相邻的单元格是否存在特殊关系。

如果自动填充时还考虑是否带格式或区域中是否带等差还是等比序列，在自动填充时按住鼠标右键，拖曳到填充的最后一个单元格释放，将出现如图 4-7 所示的快捷菜单。

菜单中部分选项含义如下。

复制单元格：实施数据的复制，相当于按下【Ctrl】键。

填充序列：相当于前面的自动填充。

仅填充格式：只填充格式而不填数据。

不带格式填充：按前述默认方式填充数据。

序列：将出现如图 4-9 所示的"序列"对话框。

6. 在单元格中插入批注

批注是附加在单元格中，与单元格的其他内容分开的注释。批注是十分有用的提醒方式，例如，注释复杂的公式如何工作，或对某些数据进行说明。给单元格添加批注的步骤如下。

STEP 1 选中需要插入批注的单元格。

STEP 2 在"审阅"|"批注"选项组中单击"新建批注"命令，在出现的批注框中输入注释内容。

STEP 3 输入完毕，单击其他单元格即可。

在一个单元格中插入批注后，该单元格的右上角会出现一个红色的三角形 　　　　，如果将鼠标移到该单元格，批注的内容将被显示出来。

4.2.6　工作表格式化

1. 设置工作表和数据格式

在单元格中输入数据时，系统一般会根据输入的内容自动确定它们的类型，字形、大小、对齐方式等数据格式。也可以根据需要进行重新设置。操作步骤如下。

STEP 1 在"开始"|"单元格"选项组中单击"格式"下拉按钮，在下拉菜单中选择"设置单元格格式"命令或快捷菜单中的"设置单元格格式"命令，打开"设置单元格格式"对话框，如图 4-10 所示。

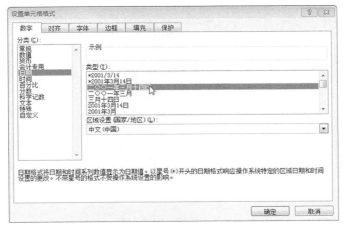

图 4-10　设置日期格式

STEP 2 单击图 4-10 中的"数字"选项卡，在"分类"框中选择要设置的数字分类，在右边"类型"框中选择具体的表示形式。如选择日期，并选择"二〇〇一年三月十四日"的显示格式，如图 4-10 所示。

STEP 3 如选择数值，并设置小数位数、使用千位分隔符和负数的表示形式，如图 4-11 所示。

图 4-11　设置数值格式

STEP 4 单击"确定"按钮，完成格式的设置。

2. 边框和底纹

（1）设置边框

选定要设置边框的单元格区域，在"开始"|"单元格"选项组中单击"格式"下拉按钮，在下拉菜单中选择"设置单元格格式"命令，或快捷菜单中的"设置单元格格式"命令，在打开的对话框选择"边框"选项卡（见图 4-12），在"样式"中选择线型，在"颜色"中选择线条颜色，在"边框"中选择需要设定的位置，最后单击"确定"按钮。

（2）设置底纹

在图 4-12 的对话框中选择"填充"选项卡，具体进行"图案颜色""填充效果"和"图案样式"的选择，然后单击"确定"按钮即可。

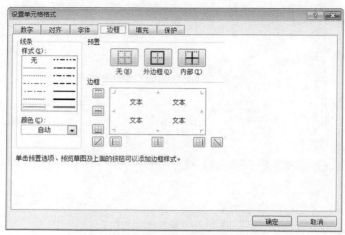

图 4-12 "边框"选项卡

3.条件格式

条件格式是指当指定条件为真时，系统自动应用于单元格的格式。例如，在单元格中需要对满足一定条件的单元格做突出显示。下面介绍设置将学生成绩小于 60 分的数据以红色标记出来。

设置条件格式步骤具体如下。

STEP 1 选中要设置条件格式的单元格区域。

STEP 2 单击"开始" | "样式"选项组中"条件格式"下拉按钮。

STEP 3 在下拉列表框中选择"突出显示单元格规则"选项，在右边的子菜单中选择"小于"，如图 4-13 所示。

图 4-13 条件格式设置

STEP 4 打开"小于"对话框，在"小于"对话框中"为小于以下值的单元格设置格式"文本框中输入作为特定值的数值，如 60，在右侧下拉列表框中选择一种单元格样式，如"浅红填充色深红色文本"，如图 4-14 所示。

STEP 5 单击"确定"按钮，即可自动查找到单元格区域中小于 60 分的数据，并将它们以红色标记出来，如图 4-15 所示。

图 4-14 "小于"对话框

图 4-15 设置后的效果

4. 行高和列宽的设置

创建工作表时，在默认情况下，所有单元格具有相同的宽度和高度，输入的字符串超过列宽时，超长的文字在左右有数据时被隐藏，数字数据则以"######"显示。数据不完整时可通过行高和列宽的调整来显示完整的数据。

（1）鼠标拖动

① 将鼠标移到列号或行号上两列或两行的分界线上，拖动分界线以调整为合适的列宽或行高。

② 鼠标双击分界线，列宽和行高会自动调整到最适当大小。

（2）行高和列宽的精确调整

单击"开始"|"单元格"选项组中"格式"下拉按钮，在下拉菜单中执行下列操作之一。

① 选择"列宽""行高"或"默认列宽"，打开相应的对话框，输入需要设置的数据。

② 选择"自动调整列宽"或"自动调整行高"命令，选定列中最宽的数据为宽度或选定行中最高的数据为高度自动调整。

5. 单元格样式

样式是格式的集合。样式中的格式包括数字格式、字体格式、字体种类、大小、对齐方式、边框、图案等。当不同的单元格需要重复使用同一格式时，逐一设置很费时间。如果利用系统的"样式"功能，可提高工作的效率。具体步骤如下。

STEP 1 选择要设置格式的单元格，在"开始"|"样式"选项组中单击"单元格样式"下拉按钮。

STEP 2 从"样式名"下拉列表框中选择具体样式，对"样式包括"的各种复选框进行选择即可。

6. 文本和数据格式的设置

在默认情况下，单元格中文本的字体是宋体、11 号字，并且靠左对齐，数字靠右对齐。可根据实际需要进行重新设置。设置文本字体方法如下。

（1）选中要设置格式的单元格或文本。

（2）单击鼠标右键，在弹出的快捷菜单中选择"设置单元格格式"命令，打开其对话框。执行下列一项或多项操作。

单击"开始"|"字体"选项组右下角 ▣ 按钮，打开"设置单元格格式"的"字体"对话框，如图 4-16 所示。

对"字体""字形""字号""下画线""颜色"等进行设置。另外，也可用"格式"工具栏的各种格式按钮进行设置，完毕后单击"确定"按钮。

7. 对齐方式的设置

在图 4-16 的对话框中，选择"对齐"标签，如图 4-17 所示，进行具体设置。

对话框中，"文本对齐方式"栏的"水平对齐"列表框中选择一种对齐方式；"垂直对齐"列表框中选择所需垂直对齐方式；"文字方向"中设置文字的方向和倾斜角度。

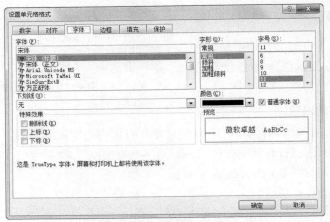

图 4-16　"字体"对话框

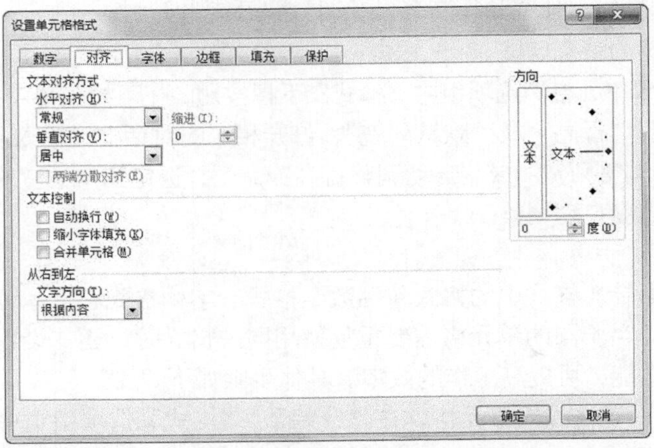

图 4-17　"对齐"对话框

"文本控制"和"方向"中各选项含义如下。

自动换行：对输入的文本根据单元格的列宽自动换行。

缩小字体填充：减小字符大小，使数据的宽度与列宽相同。如果更改列宽，则将自动调整字符大小。此选项不会更改所应用的字号。

合并单元格：将所选的两个或多个单元格合并为一个单元格。合并后的单元格引用为最初所选区域中位于左上角的单元格中的内容。和"水平对齐"中的"居中"按钮结合，一般用于标题的对齐显示，也可用工具栏上的"合并及居中"按钮完成此种设置。

文字方向：在"文字方向"框中选择选项以指定阅读顺序和对齐方式。

方向："方向"用来改变单元格中文本旋转的角度。

8. 套用表格样式

利用系统的"套用表格样式"功能，可以快速地对工作表进行格式化，使表格变得美观大方。系统预定义了 56 种表格的格式。操作步骤如下：

选中要设置格式的单元格或区域，在"开始"|"样式"选项组中单击"套用表格样式"下拉按钮，展开下拉列表，选择一种格式即可应用。

4.3 数据处理

4.3.1 排序

系统的排序功能可以将表中列的数据按照升序或降序排列，排列的列名通常称为关键字。进行排序后，每个记录的数据不变，只是跟随关键字排序的结果记录顺序发生了变化。

升序排列时，默认的次序如下。

① 数字：从最小的负数到最大的正数。

② 文本和包含数字的文本：0~9（空格）！"#$%&（）＊，．／:;?@[\]^_`{|}~+<=>A~Z。单引号（'）和连字符（–）会被忽略。但如果两个文本字符串除了连字符不同外其余都相同，则带连字符的文本排在后面。

③ 字母：在按字母先后顺序对文本项进行排序时，从左到右一个字符一个字符地进行排序。

④ 逻辑值：FALSE 在 TRUE 之前。

⑤ 错误值：所有错误值的优先级相同。

⑥ 空格：空格始终排在最后。

降序排列的次序与升序相反。

1. 简单排序

（1）选择需要排序的数据列，选择时只需选择该列中有数据的任意一个单元格即可，如"学号"列。

（2）在"数据"|"排序和筛选"选项组中单击"升序排序"按钮 或"降序排序"按钮 ，如图 4-18 所示，即可对"学号"字段升序排序。

图 4-18 "学号"字段升序排序

排序时不可选中部分区域或完全选中其中一列，然后进行排序，这样会出现记录数据混乱。选择数据时，不是选中全部区域，就是选中区域内任意一个单元格。

2. 多列排序

（1）在需要排序的区域中，单击任意单元格。

（2）在"数据"|"排序和筛选"选项组中单击"排序"命令，打开其对话框，如图 4-19 所示。

图 4-19 "排序"对话框

（3）选定"主要关键字"及排序的次序后，可以设置"次要关键字"和"第三关键字"及排序的次序。

多个关键字排序是当主要关键字的数值相同时，按照次要关键字的次序进行排列，次要关键字的数值也相同时，按照第三关键字的次序排列。

（4）数据表的字段名参加排序，应设置"数据包含标题"单选钮为选中状态；如果字段名行不参加排序，取消"数据包含标题"单选钮的选中状态，再单击"确定"按钮。

4.3.2 筛选

利用数据筛选可以方便地查找符合条件的行数据，筛选有自动筛选和高级筛选两种。自动筛选包括按选定内容筛选，它适用于简单条件。高级筛选适用于复杂条件。一次只能对工作表中的一个区域应用筛选。与排序不同，筛选并不重排区域。筛选只是暂时隐藏不必显示的行。

1. 自动筛选

（1）单击要进行筛选的区域中的任意一个单元格。

（2）在"数据"|"排序和筛选"选项组中单击"筛选"命令，数据区域中各字段名称行的右侧显示出下拉列表按钮，如图 4-20 所示。

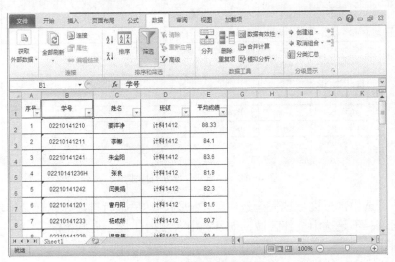

图 4-20 筛选数据

（3）单击下拉列表按钮，可选择要查找的数据。如只需显示"计科 1412"数据，则选择"班级"右下角的▼按钮，在其下拉列表框去除除计科 1412 外其他选项前的勾选，如图 4-21 所示，单击"确定"按钮后将只显示"计科 1412"的相关数据，筛选结果如图 4-22 所示。

图 4-21 筛选设置

图 4-22 筛选结果

在筛选设置中，可在筛选时设置升序、降序或按颜色排序，根据所筛选数据不同，可设置不同的选项。图 4-23 所示为数据为文本时的设置，图 4-24 所示为数据为数字时的筛选设置，其中的"自定义筛选"可设置复杂的筛选条件，如成绩是 80 到 90 之间的学生，可在如图 4-24 所示窗口中选择"自定义筛选"，将出现如图 4-25 所示的对话框，按图示输入筛选条件，单击确定后即可筛选出符合条件的数据。

图 4-23 筛选设置

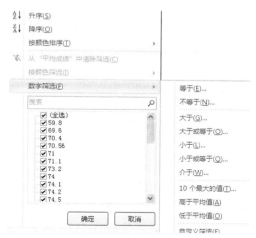

图 4-24 筛选结果示例

如果要取消筛选，再次单击"数据"|"筛选"选项组中"自动筛选"命令即可。

2.高级筛选

当需要设置多个筛选条件时，可使用高级筛选功能。操作方法如下。

STEP 1 指定一个条件区域：在数据区域以外的空白区域中输入要设置的条件。

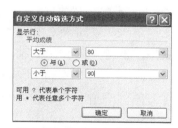

图 4-25 自定义自动筛选条件

① 设置两或两个以上条件是并且关系：在选定区域第一行输入行标题，在标题下方输入

筛选条件，且应将条件输入在同一行。图 4-26 所示为筛选出满足班级为"计科 1412"且平均成绩">80"的数据。

② 设置两个或以上条件满足其中一个条件：应将条件输入到不同的行。图 4-27 所示为筛选出满足班级为"计科 1412"或者平均成绩">80"的数据。

班级	平均成绩
计科1412	>80

图 4-26　同时满足多个条件

班级	平均成绩
计科1412	
	>80

图 4-27　多个条件中满足一个

STEP 2 单击要进行筛选的区域中的单元格，在"数据"|"排序和筛选"选项组中单击"高级"命令，打开其对话框，如图 4-28 所示。

02210141205	高婷婷	计科1412	74.5	2.01	47.11	67.65
02210141219	马巧丽	计科1411	83.4	1.81	45.47	67.58
02210141203	陈欣鹏	计科1411	71			64.13
02210141222	任桂红	计科1412	80.1			63.29
02210141226	拓博议	计科1412	59.8			47.98
02210141234	杨小琳	计科1411	69.6			63.62

班级	平均成绩
计科1412	
	>80

图 4-28　设置筛选条件

STEP 3 在"列表区域"内输入要筛选的数据所在的区域，在"条件区域"编辑框中输入条件区域，或单击🖼（折叠）按钮后用鼠标拖动选择。

STEP 4 单击"确定"按钮后将显示出筛选结果。

4.3.3　分类汇总

在实际应用中经常用到分类汇总。分类汇总指的是按某一字段汇总有关数据，如按部门汇总工资，按班级汇总成绩等。分类汇总必须先分类，即按某一字段排序，把同类别的数据放在一起，然后再进行求和、求平均值等汇总计算，分类汇总一般在数据列表中进行。

如需汇总"计科 1412"班的人数，操作方法如下。

STEP 1 选择汇总字段，并进行升序或降序排序。此例为将工作表中数据（见图 4-29）按"班级"进行排序（升序或降序都可以）。

STEP 2 在"数据"|"分级显示"选项组中单击"分类汇总"命令，打开"分类汇总"对话框，如图 4-30 所示。

STEP 3 设置分类字段、汇总方式、汇总项、汇总结果的显示位置。

在"分类字段"框中选定分类的字段。此例选择"班级"。

在"汇总方式"框中指定汇总函数，如求和、平均值、计数、最大值等。此例选择"计数"。

在"选定汇总项"框中选定汇总函数进行汇总的字段项，此例选择"班级"字段。

STEP 4 单击"确定"按钮，分类汇总表的结果如图 4-31 所示。

图 4-29　班级成绩表

学号	姓名	班级
02210141210	姜沣净	计科1412
02210141211	李娜	计科1412
02210141241	朱金阳	计科1411
02210141236H	张良	计科1412
02210141242	闫美娟	计科1412
02210141201	曹丹阳	计科1412
02210141233	杨成娇	计科1412
02210141229	温章伟	计科1412
02210141215	梁雯雯	计科1412
02210141220	莫诗鋆	计科1411
02210141216	刘圆圆	计科1412
02210141238H	张若瑜	计科1412
02210141221	钱萍	计科1411

图 4-30　"分类汇总"对话框

图 4-31　班级分类汇总结果

学号	姓名	班级
02210141220	莫诗鋆	计科1411
02210141221	钱萍	计科1411
02210141241	朱金阳	计科1411
02210141214	李璐	计科1411
02210141219	马巧丽	计科1411
02210141224	孙祥中	计科1411
02210141203	陈欣鹏	计科1411
02210141234	杨小琳	计科1411
	计科1411 计数	8
02210141210	姜沣净	计科1412
02210141211	李娜	计科1412
02210141236H	张良	计科1412
02210141242	闫美娟	计科1412
02210141201	曹丹阳	计科1412
02210141233	杨成娇	计科1412
	计科1412 计数	6
	总计数	14

STEP 5 分级显示汇总数据。

在分类汇总表的左侧可以看到分级显示的"123"三个按钮标志。"1"代表总计,"2"代表分类合计,"3"代表明细数据。

单击按钮"1"将显示全部数据的汇总结果,不显示具体数据。

单击按钮"2"将显示总的汇总结果和分类汇总结果,不显示具体数据。

单击按钮"3"将显示全部汇总结果和明细数据。

单击"+"和"-"按钮可以打开或折叠某些数据。

分级显示也可以通过在"数据"|"分级显示"选项组中单击"显示明细数据"按钮,如图 4-32 所示。

图 4-32　"显示明细数据"子菜单

4.4　公式、函数

Excel 除了进行一般的表格处理工作外,数据计算是其主要功能之一。公式就是进行计算和分析的等式,它可以对数据进行加、减、乘、除等运算,也可以对文本进行比较等。

函数是 Excel 的预定义的内置公式,可以进行数学、文本、逻辑的运算或查找工作表的数据,与直接公式进行比较,使用函数的速度更快,同时减小出错的概率。

4.4.1　公式基础

1.标准公式

单元格中只能输入常数和公式。公式以"="开头,后面是用运算符把常数、函数、单元格引用等连接起来成为有意义的表达式。在单元格中输入公式后，按回车键即可确认输入，这时显示在单元格中的将是公式计算的结果。

标准公式的形式为"=操作数和运算符"。

操作数为具体引用的单元格、区域名、区域、函数及常数。

运算符表示执行哪种运算，具体包括以下运算符。

（1）算术运算符：( )、%、^、*、/、+、-。

（2）文本字符运算符：&（它将两个或多个文本连接为一个文本）。

（3）关系运算符：=、>、>=、<=、<、<>（按照系统内部的设置比较两个值，并返回逻辑值"TRUE"或"FALSE"）。

运算符的优先级：算术运算符＞字符运算符＞关系运算符。

2. 创建及更正公式

（1）创建和编辑公式

选定单元格，在其单元格中或其编辑栏中输入或修改公式，如图 4-33 所示，根据"学生成绩表"中学生各门功课成绩，计算总分。操作：单击 I3 单元格，输入"=E3+F3+G3"，然后按回车键或单击编辑栏中的"√"按钮。或者在编辑栏中输入"="号，然后用鼠标单击参加运算的单元格，再输入运算符，再单击单元格，输入运算符，直到单击最后一个参加运算的单元格后，按回车键完成公式的输入。

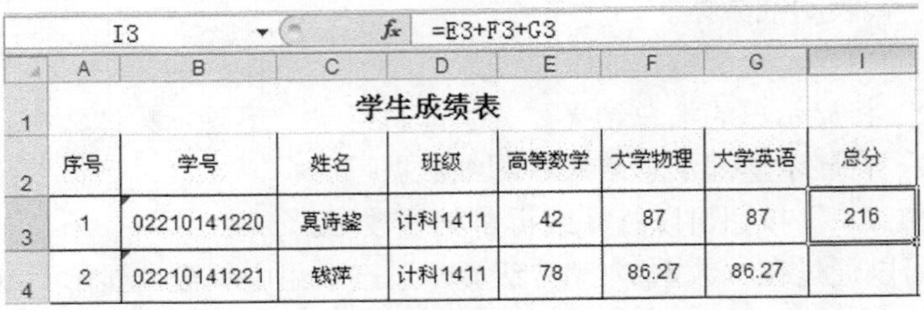

	A	B	C	D	E	F	G	I
1				学生成绩表				
2	序号	学号	姓名	班级	高等数学	大学物理	大学英语	总分
3	1	02210141220	莫诗鎏	计科1411	42	87	87	216
4	2	02210141221	钱萍	计科1411	78	86.27	86.27	

（I3 栏 fx =E3+F3+G3）

图 4-33 公式的输入

如果需要对公式进行修改，可以双击 I3 单元格或者单击编辑栏，直接修改即可。

（2）复制公式

对 Excel 函数公式可以像一般的单元格内容那样进行"复制"和"粘贴"操作。复制公式可以避免大量重复输入相同公式的操作。

① 公式中引用单元格地址是相对地址。当公式中引用的地址是相对地址时，公式按相对寻址进行调整。例如，若 I3 单元中的公式为"=E3+F3+G3"，选择此单元格后，单击鼠标右键在其出现的快捷菜单中选择"复制"选项，鼠标再单击 I5 单元格，单击鼠标右键在其出现的快捷菜单中选择"粘贴"选项，则在 I5 单元格中的公式为"=E5+F5+G5"。

公式中的单元格地址是相对地址，复制公式时地址的调整规则为：

新行地址=原行地址+行地址偏移量

新列地址=原列地址+列地址偏移量

② 公式中引用单元格地址是绝对地址。不管把公式复制到哪儿，引用地址都被锁定，这种寻址称为绝对地址。例如，I3 单元格中公式为"=$E$3+$F$3+$G$3"，复制到 I5 单元格中，公式仍然为"=$E$3+$F$3+$G$3"。

③ 公式中单元地址是混合地址。如果单元格的行号或列号前加有"$"，而其他部分行号

或列号前没有"$"，则称此单元格的地址为混合地址。如 I3 单元格中公式为"=$E3+$F3+$G3"，复制到 I5 单元格中，公式则变为 "=$E5+$F5+$G5"。

④ 利用鼠标拖动复制公式。选定原公式单元格，将鼠标指针指向该单元格的右下角，鼠标指针会变为黑色的十字形填充柄。此时按住鼠标左键向下或向右等方向拖到需要填充的最后一个单元格，就可以将公式复制到其他的单元格区域。

4.4.2 函数基础

函数是 Excel 的预定义的内置公式。在实际工作中，使用函数对数据进行计算比设计公式更为便捷。Excel 中自带了很多函数，函数按类别可分为：文本和数据、日期与时间、数学和三角、逻辑、财务、统计、查找和引用、数据库、外部、工程、信息。

利用函数进行数据计算时，被处理的数据经常是一些连续或不连续的数据混合计算。其中，引用是对工作表的一个或多个单元格进行标识，以告诉公式或函数在运算时应该引用的单元格。引用运算符包括区域、联合、交叉。区域表示对包括两个引用在内的所有单元格进行引用；联合表示产生由两个引用合成的引用；交叉表示产生两个引用的交叉部分的引用，如 A1:D4；B2:B6；E3:F5；B1:E4 C3:G5。

下面列出一些常用函数，在表中通过举例简单说明一些函数的功能，例子中涉及的数据以图 4-34 为例。

图 4-34　学生成绩表

1. 常用数学函数介绍

函数	功　能	举　例
ABS	返回指定数据的绝对值	ABS(−8)，结果为 8
INT	返回指定数据的整数部分	INT(3.6)，结果为 3
ROUND	按指定的位置对数据进行四舍五入	ROUND(12.384, 1)，结果为 12.4
SUM	对数值求和	SUM(E3:G3)，结果为 216
SUMIF	返回满足条件数据的和	SUMIF(E3:E8)，结果为 320

2. 常用统计函数

函数	功 能	举 例
AVERAGE	计算指定数据的平均值	AVERAGE(E3:G3)，结果为 72
COUNT	对指定区域内的数字单元格计数	COUNT(E3:E8)，结果为 6
COUNTIF	对指定区域内满足条件的数字单元格计数	COUNTIF(E3:E8,"<60")，结果为 2
MAX	取指定区域内单元格的最大值	MAX(E3:G3)，结果为 87
MIN	取指定区域内单元格的最小值	MIN(E3:E8)，结果为 42

3. 常用文本函数

函数	功 能	举 例
LEFT	返回指定字符串左边的指定长度的字符串	LEFT(D3,2)，结果为"计科"
RIGHT	返回指定字符串右边的指定长度的字符串	RIGHT (E2,2)，结果为"数学"
LEN	返回字符串的字符个数	LEN(E2)，结果为 4
MID	从字符串指定位置起取出指定长度的字符串	MID(E2,2,2)，结果为"等数"
TRIM	去除指定字符串首尾多余空格	TRIM("adf")，结果为"adf"

4. 常用日期函数

函数	功 能	举 例
DATE	生成日期	DATE(15,5,10)，结果为 1915−5−10
YEAR	获取日期的年份	YEAR (1915−5−10)，结果为 1915
MONTH	获取日期的月份	MONTH (1915−5−10)，结果为 5
DAY	获取日期的天数	DAY(1915−5−10)，结果为 10
NOW	获取系统的日期和时间	NOW()，结果为 2015−5−10 10:12 AM

5. 常用逻辑函数

函数	功 能	举 例
AND	逻辑与	AND(E3>60,E3<80)，结果为 FALSE
IF	根据条件真假返回不同结果	IF(E3>60, "及格", "不及格")，结果为不及格
NOT	逻辑非	NOT(E3>60)，结果为 TRUE
OR	逻辑或	OR(E3>60, E3<80)，结果为 TRUE

6. 函数实例

（1）利用 AVERAGE 函数计算如图 4−34 所示的平均分

① 选中要插入函数的单元格，此例为 J3。

② 单击"公式"选项卡下的"插入函数"按钮 fx ，打开其对话框，如图 4−35 所示。

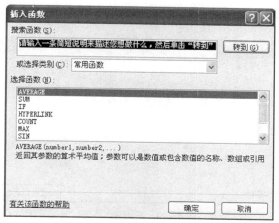

图 4-35　"插入函数"对话框

③ 从"选择函数"列表框中选择平均值函数 AVERAGE，单击"确定"按钮，打开"函数参数"对话框，如图 4-36 所示。

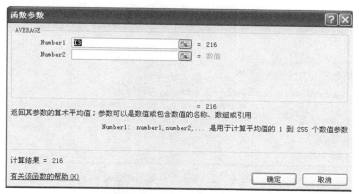

图 4-36　"函数参数"对话框

④ 在"函数参数"框中已经有默认单元格区域"I3"，如果该区域无误，单击"确定"按钮。如果该区域不对，单击折叠按钮，"函数参数"对话框被折叠，如图 4-37 所示，可以拖动鼠标重新选择单元格区域，再单击折叠按钮，展开"函数参数"对话框，最后单击"确定"按钮，再利用鼠标拖动方法来复制公式，计算结果如图 4-38 所示。

图 4-37　"函数参数"对话框被折叠图

图 4-38　操作结果

（2）利用条件函数判断学生成绩是否及格

① 选中要插入函数的单元格，此例为 K3。

② 单击"公式"选项卡下的"插入函数"按钮 f_x，打开其对话框，从"选择函数"列表

框中选择平均值函数 IF，单击"确定"按钮，打开"函数参数"对话框，如图 4-39 所示。

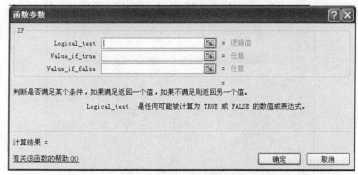

图 4-39　IF 函数对话框

③ 由于成绩等级是由平均分来决定的，因此在"Logical_test"右侧文本框中输入条件"J3>60"，在"Value_if_true"右侧文本框中输入条件为真时的结果"及格"，在"Value_if_false"右侧文本框中输入条件为假时的结果"不及格"，如图 4-40 所示。

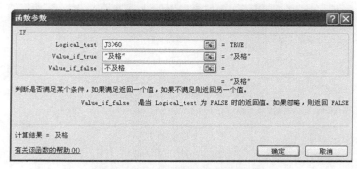

图 4-40　输入条件后的对话框

④ 单击"确定"按钮，利用公式复制操作可计算出其他同学的等级，结果如图 4-41 所示。

姓名	班级	高等数学	大学物理	大学英语	总分	平均分	等级
莫诗鉴	计科 1411	42	87	87	216	72	及格
钱萍	计科 1411	78	86.27	86.27	250.54	83.513333	及格
朱金阳	计科 1411	75	85.8	85.8	246.6	82.2	及格
李璐	计科 1411	92	83.91	83.91	259.82	86.606667	及格
马巧丽	计科 1411	75	83.69	83.69	242.38	80.793333	及格

图 4-41　操作结果

（3）利用 COUNTIF 统计及格人数

① 选中要插入函数的单元格，此例为 E8。

② 单击"公式"选项卡下的"插入函数"按钮 f_x，打开其对话框，从"或选择类别"右侧列表框中选择"统计"，然后在"选择函数"列表框中选择函数 COUNTIF，单击"确定"按钮，打开"函数参数"对话框，如图 4-42 所示。

③ 在图 4-42 中"Range"右侧文本框中输入统计范围"E3:E7"或用鼠标在数据表中选择"E3:E7"单元格；在"Criteria" 右侧文本框中输入条件">60"，如图 4-43 所示。

| 图 4-42 COUNTIF 函数参数对话框 | 图 4-43 输入条件后的对话框 |

④ 单击"确定"按钮，即可计算出高等数学的及格人数，结果如图 4-44 所示。

序号	学号	姓名	班级	高等数学	大学物理	大学英语	总分	平均分
1	02210141220	莫诗鋆	计科1411	42	87	87	216	72
2	02210141221	钱萍	计科1411	78	86.27	86.27	250.54	83.513333
3	02210141241	朱金阳	计科1411	75	85.8	85.8	246.6	82.2
4	02210141214	李璐	计科1411	92	83.91	83.91	259.82	86.60667
5	022101411219	马巧丽	计科1411	75	83.69	83.69	242.38	80.793333
及格人数				4				
及格率								

图 4-44　操作结果

（4）利用 COUNT 函数与 COUNTIF 函数计算及格率

① 选中要插入函数的单元格，此例为 E9。

② 利用上述 COUNTIF 函数计算出"高等数学"的及格人数。

③ 在编辑栏 COUNTIF 函数后输入除号"/"，单击"公式"选项卡下的"插入函数"按钮 *fx*，打开其对话框，从"或选择类别"右侧列表框中选择"统计"，然后在"选择函数"列表框中选择函数 COUNT，单击"确定"按钮，打开"函数参数"对话框，如图 4-45 所示，在"Value1"右侧文本框中默认数据范围是"E3:E8"，如若有误，可自行输入统计范围"E3:E7"或用鼠标在数据表中选择"E3:E7"单元格，如图 4-46 所示。

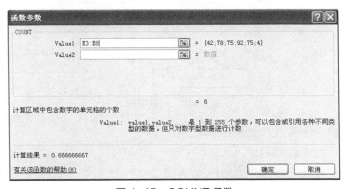

图 4-45　COUNT 函数

④ 单击"确定"按钮，即可计算出高等数学的及格率，结果如图 4-47 所示。

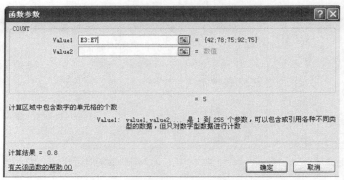

图 4-46 输入范围后的 COUNT 函数　　　　图 4-47 操作结果

4.5　图表的使用

4.5.1　创建图表

1.图表结构

Excel 中的图表有两种，一种是嵌入式图表，它和创建图表的数据源放置在同一张工作表中；另一种是独立图表，它是一张独立的图表工作表。

Excel 为用户建立直观的图表提供了大量的预定义模型，每一种图表类型又有若干种子类型。此外，用户还可以自己定制格式。

图表的组成如图 4-48 所示。

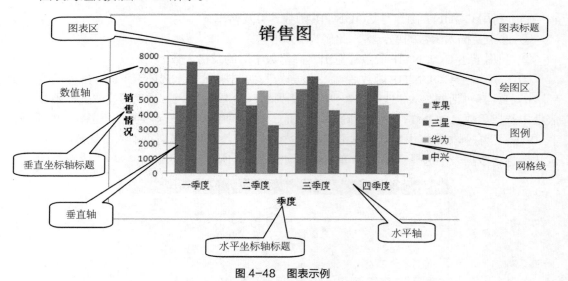

图 4-48　图表示例

（1）图表区：整个图表及包含的所有对象。

（2）图表标题：图表的标题。

（3）数据系列：在图表中绘制的相关数据点，这些数据源自数据表的行或列。每个数据系列具有唯一的颜色或图案，并且在图表的图例中表示。可以在图表中绘制一个或多个数据系列。饼图只有一个数据系列。

（4）坐标轴：绘图区边缘的直线，为图表提供计量和比较的参考模型。分类轴（X 轴）和数值轴（Y 轴）组成了图表的边界，并包含相对于绘制数据的比例尺，Z 轴用于三维图表的第三坐标轴。饼图没有坐标轴。

（5）网格线：从坐标轴刻度线延伸开来，并贯穿整个绘图区的可选线条系列。网格线使用户查看和比较图表的数据更为方便。

（6）图例：用于标记不同数据系列的符号、图案和颜色，每一个数据系列的名字作为图例的标题，可以把图例移到图表中的任何位置。

2. 图表的新建

创建图表的一般步骤是：先选定创建图表的数据区域。选定的数据区域可以连续，也可以不连续。注意，如果选定的区域不连续，每个区域所在的行或所在列有相同的矩形区域；如果选定的区域有文字，文字应在区域的最左列或最上行，以说明图表中数据的含义。以图 4-49 为例，建立图表的具体操作如下。

STEP 1 选定要创建图表的数据区域，此例中选择 A1:E5，暂时不选择"三季度"列中的数据。

STEP 2 单击"插入"|"图表"选项组右下角的 □ 按钮，打开"插入图表"对话框，在对话框中选择要创建图表类型，如图 4-50 所示，或直接在"图表"选项组中直接选择图表类型。

	A	B	C	D	E
1		一季度	二季度	三季度	四季度
2	苹果	4561	6458	5712	5987
3	三星	7581	4598	6544	5942
4	华为	5984	5584	5984	4588
5	中兴	6587	3245	4258	4012

图 4-49　销售情况表

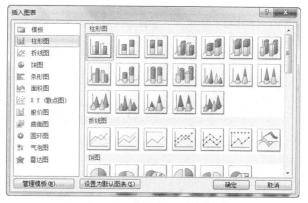

图 4-50　"插入图表"对话框

STEP 3 选择一种柱形图样式，如"三维簇状柱形图"，设置完成后，单击"确定"按钮即可，如图 4-51 所示。

图 4-51　创建后的效果

4.5.2 图表中数据的编辑

编辑图表是指对图表及图表中各个对象的编辑，包括数据的增加、删除，图表类型的更改，图表的缩放、移动、复制、删除、数据格式化等。

一般情况下，先选中图表，再对图表进行具体编辑。当选中图表时，"数据"菜单自动变为"图表"菜单，而且"插入"菜单、"格式"菜单中的命令也自动做相应变化。

1.编辑图表中的数据

（1）增加数据

要给图表增加数据系列，鼠标右键单击图表中任意位置，在弹出的右键菜单中选择"选择数据"命令，打开"选择数据源"对话框，接着单击"添加"按钮。

打开"编辑数据系列"对话框，在对话框中设置需要添加的系列名称和系列值。

例：增加"三季度"数据系列。

① 鼠标右键单击图表中任意位置，在弹出的右键菜单中选择"选择数据"命令，如图 4-52 所示，打开"选择数据源"对话框。

② 在图 4-53"选择数据源"对话框中"图例项（系列）"列表中单击"添加"按钮，打开"编辑数据系列"对话框。

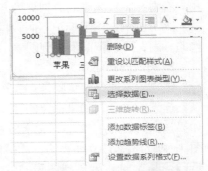

图 4-52　选中"选择数据"命令

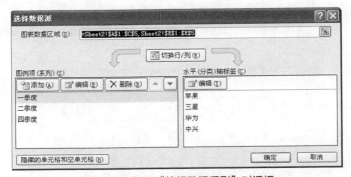

图 4-53　打开"编辑数据系列"对话框

③ 在图 4-54 中，将光标定位在"系列名称"文本框中，在表格中选中"D1"单元格，接着将光标定位在"系列值"文本框中，在表格中选中"D2:D5"单元格区域，如图 4-54 所示。

④ 连续两次单击"确定"按钮，即可将 E2:E7 单元格区域中的数据添加到图表中，如图 4-55 所示。

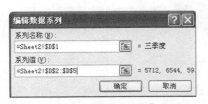

图 4-54　"编辑数据系列"对话框

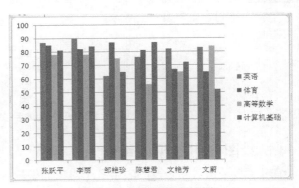

图 4-55　添加数据后的图表

（2）删除数据

删除图表中的指定数据系列，可先单击要删除的数据系列，再单击【Delete】键，或鼠标对准数据系列，右键单击鼠标，从快捷菜单中选择"清除"命令即可。

2. 更改图表的类型

单击选中图表，单击"设计"标签，在"类型"选项组中单击"更改图表类型"按钮，打开"更改图表类型"对话框。

在对话框左侧选择一种合适的图表类型，接着在右侧窗格中选择一种合适的图表样式，单击"确定"按钮，即可看到更改后的结果，如图 4-56 所示。

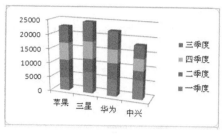

图 4-56　更改后的效果

3. 设置图表格式

设置图表的格式是指对图表中各个对象进行文字、颜色、外观等格式的设置。

（1）双击欲进行格式设置的图表对象，如双击图表区，打开"设置图表区格式"对话框，如图 4-57 所示。

（2）指向图表对象，右键图标坐标轴单击，从快捷菜单中选择该图表对象格式设置命令，打开图表对象格式对话框，如图 4-58 所示。

图 4-57　"设置图表区格式"对话框

图 4-58　"设置坐标轴格式"对话框

4. 图表布局

（1）图表标题和坐标轴标题

为了使图表更易于人们理解，可以在图表中添加标题，如图表标题和坐标轴标题。图表标题主要用于说明图表的主题内容，坐标轴标题用于说明纵坐标和横坐标所表达的数据内容。

添加图表标题的方法为：选中图表，在"图表工具"|"布局"选项卡中选择"标签"选项组，单击"图表标题"按钮，在弹出的下拉菜单中可选择"居中覆盖标题"或"图表上方"命令。

添加坐标轴标题的方法为：选中图表，在"图表工具"|"布局"选项卡中选择"标签"

选项组，单击"坐标轴标题"按钮，在弹出的下拉菜单中可选择"主要横坐标标题"及"主要纵坐标标题"进行设置，如将"主要横坐标标题"设置为"坐标轴下方标题"，"主要纵坐标标题"设置为"竖排标题"。

相关设置完成后，在图表区中将显示内容为"图表标题"和"坐标轴标题"的文本框，分别选中这些文本框，并将其内容修改为所需的文本即可。图 4-59 所示为添加图表标题和坐标轴标题后的效果。

（2）图例

选中图表，在"图表工具"|"布局"选项卡中选择"标签"选项组，单击"图例"按钮，在其下拉式菜单中选择添加、删除或修改图例的位置。

（3）数据标签

选中图表，在"图表工具"|"布局"选项卡中选择"标签"选项组，单击"数据标签"按钮，在其下拉式菜单中可选择显示数据标签的位置，如居中、数据标签内、数据标签外等。图 4-60 所示为改变图例位置和增加数据标签在数据标签上方后的效果。

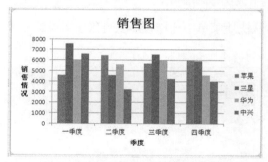

图 4-59　添加图表标题和坐标轴标题

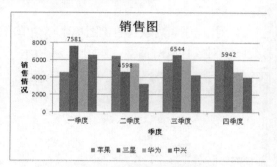

图 4-60　改变图例位置和添加数据标签

4.6　数据透视表（图）的使用

4.6.1　数据透视表概述与组成元素

1. 数据透视表概述

数据透视表是一种交互的、交叉制表的 Excel 报表，用于对多种来源的数据进行汇总和分析。

数据透视表有机地综合了数据排序、筛选、分类汇总等数据分析的优点，可方便地调整分类汇总的方式，灵活地以多种不同方式展示数据的特征。建立数据表之后，通过鼠标拖动来调节字段的位置可以快速获取不同的统计结果，即表格具有动态性。

对于数量众多、以流水账形式记录、结构复杂的工作表，为了将其中的一些内在规律显现出来，可将工作表重新组合并添加算法，即可以建立数据透视表。数据透视表是专门针对以下用途设计的。

以多种方式查询大量数据。

按分类和子分类对数据进行汇总，创建自定义计算和公式。

展开或折叠要关注结果的数据级别，查看感兴趣区域汇总数据的明细。

将行移动到列或将列移动到行（或"透视"），以查看源数据的不同汇总。

对最有用和最关注的数据子集进行筛选、排序、分组和有条件地设置格式，以获取所需要的数据。

2.数据透视表组成元素

页字段：页字段用于筛选整个数据透视表，是数据透视表中指定为页方向的源数据列表中的字段。

行字段：行字段是在数据透视表中指定为行方向的源数据列表中的字段。

列字段：列字段是在数据透视表中指定为列方向的源数据列表中的字段。

数据字段：数据字段提供要汇总的数据值。常用数字字段可用求和函数、平均值等函数合并数据。

4.6.2　数据透视表的新建

利用数据透视表可以进一步分析数据，可以得到更为复杂的结果，创建数据透视表的操作如下。

STEP 1 打开数据表，选中数据表中任意单元格。单击"插入"→"表格"选项组中"数据透视表"下拉按钮，选择"数据透视表"命令，如图 4-61 所示。

STEP 2 打开"创建数据透视表"对话框，在"选择一个表或区域"框中显示了当前要建立为数据透视表的数据源（默认情况下将整张数据表作为建立数据透视表的数据源），如图 4-62 所示。

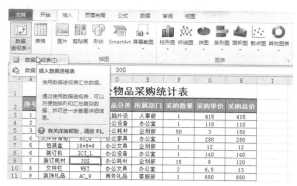

图 4-61　"数据透视表"下拉菜单

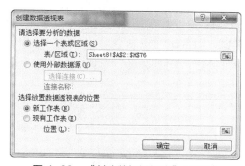

图 4-62　"创建数据透视表"对话框

STEP 3 单击"确定"按钮即可新建一张工作表，该工作表即为数据透视表，如图 4-63 所示。

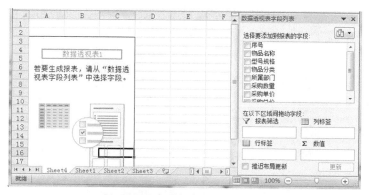

图 4-63　创建数据透视表后结果

4.6.3 数据透视表的编辑

1. 更改数据源

在创建了数据透视表后，如果需要重新更改数据源，不需要重新建立数据透视表，可以直接在当前数据透视表中重新更改数据源即可。

（1）选中当前数据透视表，切换到"数据透视表工具"|"选项"菜单下，单击"更改数据源"按钮，从下拉菜单中单击"更改数据源"命令，如图 4-64 所示。

（2）打开"更改数据透视表数据源"对话框，单击"选择一个表或区域"右侧的 按钮回到工作表中重新选择数据源即可，如图 4-65 所示。

图 4-64　单击"更改数据源"命令

图 4-65　"更改数据透视表数据源"对话框

2. 添加字段

默认建立的数据透视表只是一个框架，要得到相应的分析数据，则要根据实际需要合理地设置字段。不同的字段布局其统计结果各不相同，因此首先我们要学会如何根据统计目的设置字段。下面统计不同类别物品的采购总金额。

① 建立数据透视表并选中后，窗口右侧可出现"数据透视表字段列表"任务窗口。在字段列表中选中"物品分类"字段，按住鼠标左键将字段拖至下面的"行标签"框中释放鼠标，即可设置"物品分类"字段为行标签，如图 4-66 所示。

图 4-66　设置行标签后的效果

② 按相同的方法添加"采购总额"字段到"数值"列表中，此时可以看到数据透视表中统计出了不同类别物品的采购总价，如图 4-67 所示。

图 4-67　添加数值后的效果

3.更改默认的汇总方式

当设置了某个字段为数值字段后，数据透视表会自动对数据字段中的值进行合并计算。其默认的计算方式为数据字段使用 SUM 函数（求和），文本的数据字段使用 COUNT 函数（求和）。如果想得到其他的计算结果，如求最大最小值、求平均值等，则需要修改对数值字段中值的合并计算类型。

例如，当前数据透视表中的数值字段为"采购总价"且其默认汇总方式为求和，现在要将数值字段的汇总方式更改为求最大值，具体操作步骤如下。

STEP 1 在"数值"列表框中选中要更改其汇总方式的字段，打开下拉菜单，选择"值字段设置"命令，如图 4-68 所示。

图 4-68　选择"值字段设置"命令

STEP 2 打开"值字段设置"对话框。选择"汇总方式"标签，在列表中可以选择汇总方式，如此处选择"最大值"，如图 4-69 所示。

STEP 3 单击"确定"按钮即可更改默认的求和汇总方式为求最大值，如图 4-70 所示。

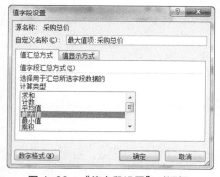

图 4-69　"值字段设置"对话框

图 4-70　更改汇总方式后的效果

4.7　表格页面设置与打印

工作表创建好后，可以按要求进行页面设置或设置打印数据的区域，然后再预览或打印出来。Excel 也具有默认的页面设置，因此可直接打印工作表。

4.7.1 设置"页面"

页面设置操作步骤如下。

STEP 1 在"页面布局"|"页面设置"选项组中单击右下角的 按钮,打开"页面设置"对话框,如图 4-71 所示。

图 4-71 页面设置的"页面"对话框

STEP 2 设置"页面"选项卡。

"方向"和"纸张大小"设置框:设置打印纸张方向与纸张大小。

"缩放"框:用于放大或缩小打印的工作表,其中"缩放比例"可在 10%~400%选择。100%为正常大小;小于 100%为缩小;大于 100%为放大。"调整为"可把工作表拆分为指定页宽和指定页高打印,如指定 2 页宽,2 页高表示水平方向分 2 页,垂直方向分 2 页,共 4 页打印。

"打印质量"框:设置每英寸打印的点数,数字越大,打印质量越好。

> **注意** 不同打印机数字会不一样。

"起始页码"框:设置打印首页页码,默认为"自动",从第一页或接上一页开始打印。

4.7.2 设置"页边距"

STEP 1 在"页面布局"|"页面设置"选项组中单击右下角的 按钮,打开"页面设置"对话框,单击"页边距"选项卡,进入"页边距"对话框中,如图 4-72 所示。

STEP 2 设置打印数据距打印页四边的距离、页眉和页脚的距离以及打印数据是水平居中、垂直居中方式,默认为靠上靠左对齐。

4.7.3 设置"页眉页脚"

在"页面布局"|"页面设置"选项组中单击右下角的 按钮,打开"页面设置"对话框。单击"页眉/页脚"选项卡,进入"页眉/页脚"对话框中,如图 4-73 所示。

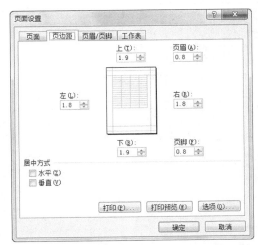

图 4-72 页面设置的"页边距"对话框

图 4-73 页面设置的"页眉/页脚"对话框

"页眉""页脚"框：可从其下拉列表框中进行选择。

"自定义页眉""自定义页脚"按钮：单击打开相应的对话框自行定义，如图 4-74 所示，在左、中、右框中输入指定页眉，用给出的按钮定义字体、插入页码、插入总页数、插入日期、插入时间、插入路径、插入文件名、插入标签名、插入图片、设置图片格式。

图 4-74 自定义"页眉"对话框

完成设置后，单击"确定"按钮即可。

设置页眉和页脚后，打印时将在每页上端打印页眉、下端打印页脚。

4.7.4 设置打印区域

打印区域是指不需要打印整个工作表时，打印一个或多个单元格区域。如果工作表包含打印区域，则只打印区域中的内容。

STEP 1 用鼠标拖动选定待打印的工作表区域。此例选择"计算机基础成绩单"工作表的 A1:G9 数据区域，如图 4-75 所示。

STEP 2 单击"页面布局"|"页面设置"选项组中"打印区域"下拉按钮，在下拉菜单中选择"设置打印区域"，设置好打印区域，如图 4-76 所示，打印区域边框为虚线。

	学生成绩表				
姓名	高等数学	大学物理	大学英语	总分	平均分
莫诗鉴	42	87	87	216	72
钱萍	78	86.27	86.27	250.54	83.513333
朱金阳	75	85.8	85.8	246.6	82.2
李璐	92	83.91	83.91	259.82	86.606667
马巧丽	75	83.69	83.69	242.38	80.793333
孙祥中	45	83.47	83.47	211.94	70.646667
陈欣鹏	67	82.49	82.49	231.98	77.326667

图 4-75 选定打印区域

	学生成绩表				
姓名	高等数学	大学物理	大学英语	总分	平均分
莫诗鉴	42	87	87	216	72
钱萍	78	86.27	86.27	250.54	83.513333
朱金阳	75	85.8	85.8	246.6	82.2
李璐	92	83.91	83.91	259.82	86.606667
马巧丽	75	83.69	83.69	242.38	80.793333
孙祥中	45	83.47	83.47	211.94	70.646667
陈欣鹏	67	82.49	82.49	231.98	77.326667
杨小琳	95	81.8	81.8	258.6	86.2

图 4-76 设置好的打印区域

4.7.5 分页预览与打印

分页是人工设置分页符，Excel 可以进行打印预览以模拟显示打印的设置结果，不满意可重新设置直至满意，再进行打印输出。

1.添加、删除分页符

一般系统对工作表进行自动分页，如果需要也可以进行人工分页。

插入水平或垂直分页符操作：在要插入水平或垂直分页符的位置下边或右边选中一行或一列，再单击"页面布局"｜"分隔符"下拉按钮，在下拉菜单中选择"插入分页符"命令，分页处出现虚线，打印时将在此处换页。

如果选定一个单元格，再单击"页面布局"｜"分隔符"下拉按钮，在下拉菜单中选择"插入分页符"命令，则会在该单元格的左上角位置同时出现水平和垂直两分页符，即两条分页虚线。

删除分页符操作：选择分页虚线的下一行或右一列的任何单元格，再单击"页面布局"｜"分隔符"下拉按钮，在下拉菜单中选择"删除分页符"命令。若要取消所有的手动分页符，可选择整个工作表，再单击"页面布局"｜"分隔符"按钮，在下拉菜单中选择"重置所有分页符"命令。

2.分页预览

单击"视图"｜"分页预览"命令，可以在分页预览视图中直接查看工作表分页的情况，如图 4-77 所示，粗实线框区域为浅色是打印区域，每个框中有水印的页码显示，可以直接拖动粗线以改变打印区域的大小。在分页预览视图中同样可以设置、取消打印区域，插入、删除分页符。

图 4-77　分面预览

3.打印工作表

单击"文件"|"打印"命令，在右侧的窗口中单击"打印"按钮即可直接打印当前工作表。

本章习题

课后综合练习

习题一

根据表中的基本数据，按下列要求建立 Excel 表。

工资表								
部门	工资号	姓名	性别	工资	补贴	应发工资	税金	实发工资
销售部	3893	王前	男	432	90			
策划部	3894	于大鹏	男	540	90			
策划部	3895	周彤	女	577	102			
销售部	3896	程国力	男	562	102			
销售部	3897	李斌	男	614	102			
策划部	3898	刘小梅	女	485	90			

要求：

1．删除表中的第五行记录；

2．利用公式计算应发工资、税金及实发工资（应发工资=工资+补贴）（税金=应发工资*3%）（实发工资=应发工姿–税金）（精确到角）；

3. 将表格中的数据按"部门"、"工资号"升序排列；

4. 用图表显示该月此 6 人的实发工资，以便能清楚地比较工资状况。

习题二

用 Excel 创建"销售利润表"（内容如下表所示），按照题目要求完成后，用 Excel 的保存功能直接存盘。

销售商店	进价（元）	销售价（元）	销售量（台）	利润（元）
商店一	2500		30	21000
商店二		3300	16	12000
商店三	2700	3200		20000
商店四		3350	40	24000
商店五	2700	3300	34	
商店六	2850		60	18000
商店七	2730	3000		27000
商店八	2750	3190	50	
合　计				
平均利润				

要求：

1. 表格要有可视的边框，并将表中的列标题设置为宋体、小四、加粗、居中；其他内容设置为宋体、12 磅、居中。

2. 计算出表格中空白单元格的值，并填入相应的单元格中。

3. 用函数计算出"合计"，并填入相应的单元格中。

4. 用函数计算"平均利润"，并填入相应的单元格中。

5. 以"销售商店"和"利润"列为数据区域，插入簇状柱形图。

习题三

建立如下表格：

学生类别	人数	占总学生数的比例
专科生	2450	
本科生	5800	
硕士生	1400	
博士生	300	

要求：

1. 计算各类学生比例；

2. 选择"学生类别"和"占总学生数的比例"两列数据，绘制嵌入式"分离型三维饼图"，在"数据标志"中选择"显示百分比"，图表标题为"学生结构图"。嵌入在学生工作表的 A7：F17 区域中。

习题四

1. 创建一新工作簿。

2. 在"Sheet1"表中编制下列所示的销售统计表。

	2010年10月9日						
品牌	单价	七月	八月	九月	销售小计	平均销量	销售额
小天鹅	1500	58	86	63			
爱妻	1400	64	45	46			
威力	1450	97	80	76			
乐声	1350	73	43	63			

3. 将该表的名称由"Sheet1"更为"洗衣机销售统计表"。

4. 在该工作簿中插入一新工作表，取名为"销售统计表"。

5. 将"洗衣机销售统计表"中的内容复制到"Sheet2"、"Sheet3"、"销售统计表"中。

6. 在"洗衣机销售统计表"中，运用输入公式方法，求出各种品牌洗衣机的销售量小计、月平均销售量和销售额。

7. 在"Sheet2"工作表中，先利用公式的输入方法，求出"小天鹅"的销售量小计、月平均销售量和销售额小计；再利用复制公式的方法，求出其余各品牌的销售量小计、月平均销售量和销售额。

8. 在"Sheet3"工作表中，利用自动求和按钮，求出各品牌的销售量小计。

9. 在"销售统计表"中，运用输入函数的方法，求出各种品牌洗衣机的销售量小计、月平均销售量。

10. 在"Sheet3"工作表中，利用多区域自动求和的方法，求出各品牌的销售量的总和，并将计算结果存放在"B8"单元格中。

11. 在"洗衣机销售统计表"中的"乐声"行上面插入一空行，在该空行的品牌、单价、七月、八月、九月的各栏中分别填入：水仙、1375、56、78、34；最后利用复制公式的方法，求出该品牌的销售量小计、月平均销售量和销售额。

12. 在"洗衣机销售统计表"中的"销售额"前插入一空列，并在该列的品牌行填入"平均销售额"；最后利用输入公式和复制公式的方法，求出各品牌的月平均销售额。

13. 在"洗衣机销售统计表"中的下一空行最左边的单元格内填入"合计"，利用自动求和按钮，求出各品牌洗衣机的七、八、九月销售量合计和销售额合计。

14. 使[2001 年 10 月 9 日] 居中。

15. "品牌"列和第 1 行的字符居中，其余各列中的数字右对齐。

16. 将第 3 行的行高设置为"16"。

17. 将第 1 列的列宽设置为"10"。

18. 将表中的"2001 年 10 月 9 日"的格式改为"二〇〇〇年十月九日"。

19. 将表中七月份列中的数字的格式改为带 2 位小数。

20. 将"洗衣机销售统计表"增添表格线，内网格线为最细的实线，外框线为最粗实线。

21. 将第 3 行的所有字符的字体设置为楷体、加粗，字号为 12，颜色设置为红色，填充背景色为青绿色。

22. 各品牌的名称的字体设置为仿宋体、加粗，字号为 11，颜色设置为绿色，填充背景色为青淡黄色。

第 5 章
演示文稿制作软件
PowerPoint 2010

PowerPoint 2010 是一款功能强大的演示文稿制作软件，可以根据不同的要求设计和制作如广告宣传、产品展示、教学课件、学术论文报告等各种幻灯片。制作完成的演示文稿可以通过计算机与大屏幕投影仪直接连接进行演示，是人们在各种场合下进行信息交流的重要工具，也是计算机办公软件的重要组成部分。

5.1 PowerPoint 2010 概述

PowerPoint 2010 在原来版本的基础上，增加了一些新的功能。比如更新了播放器、改进了多媒体播放功能、新增了幻灯片放映导航工具、改进了幻灯片放映的墨迹注释功能等，使其较之以前的版本，使用起来更加方便。

5.1.1 PowerPoint 2010 的基本概念及术语

1. 演示文稿

启动 PowerPoint 2010 时，创建的一个用于存放幻灯片的文件。演示文稿包括演示时所用的幻灯片、备注、概要、音频和视频等内容，默认的演示文稿名称为演示文稿 1、演示文稿 2 等。PowerPoint 2010 演示文稿的扩展名为.pptx。

2. 幻灯片

演示文稿由多张幻灯片组成。在演示文稿中创建和编辑的一页成为一张幻灯片。

3. 对象

对象是幻灯片中重要的组成元素。向幻灯片中插入的表格、图像、插图、链接、文本、符号、媒体等都被称为幻灯片的对象。

4. 版式

版式指幻灯片上标题和副标题文本、列表、图片、表格、图表、自选图形和视频等元素的排列方式。

PowerPoint 2010 包含 11 种版式：标题幻灯片、标题和内容、节标题、两栏内容、比较、仅标题、空白、内容与标题、图片与标题、标题和竖排文字、垂直排列标题与文本。

5. 占位符

大多数幻灯片版式中都含有占位符。它在幻灯片上表现为虚线框的形式，框内含有如"单击此处添加标题""单击此处添加副标题"之类的提示语，等待用户输入相应的内容。用鼠标单击虚线框后，提示语便会消失，此时可以输入相应文字内容。

占位符是版式中的容器，可容纳如文本（包括正文文本、项目符号列表和标题）、表格、图表、SmartArt 图形、影片、声音、图片及剪贴画（剪贴画：一张现成的图片，经常以位图或绘图图形组合的形式出现）等内容。

6．母版

幻灯片母版是幻灯片层次结构中的顶层幻灯片，用于存储有关演示文稿的主题和幻灯片版式的信息，包括背景、颜色、字体、效果、占位符大小和位置。

7．模板

PowerPoint 模板是另存为.pptx 文件的一张幻灯片或一组幻灯片的图案或蓝图。模板可以包含版式、主题颜色、主题字体、主题效果和背景样式，甚至还可以包含内容。

5.1.2 PowerPoint 2010 的窗口与视图

1．PowerPoint 2010 的窗口

PowerPoint 2010 的窗口界面如图 5-1 所示。PowerPoint 2010 窗口主要包括标题栏、快速访问工具栏、菜单栏、幻灯片窗格、任务窗格、备注窗格和状态栏。

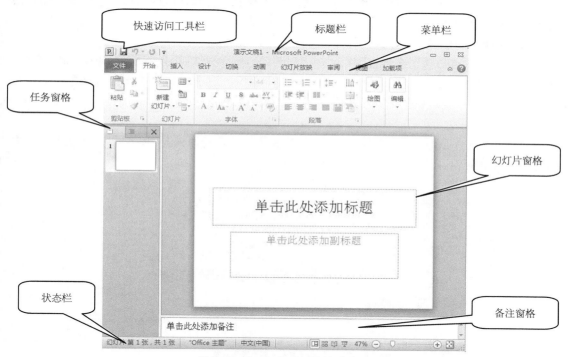

图 5-1　PowerPoint 2010 主窗口

（1）标题栏

PowerPoint 2010 窗口最上方为标题栏，显示了当前编辑的演示文稿标题名称，默认标题名称为演示文稿 1、演示文稿 2 等。如果保存或另存为时修改了演示文稿的名称，标题栏上显示的则是修改后的演示文稿名称。

（2）快速访问工具栏

快速访问工具栏是一个可自定义的工具栏，它包含一组独立于当前显示的功能区上选项卡的命令。

（3）菜单栏

菜单栏包含了 PowerPoint 2010 所有命令的选项卡。如文件、开始、插入、设计、切换、

动画、幻灯片放映、审阅、视图等。

（4）幻灯片窗格

幻灯片窗格是主要的工作窗口，可以在幻灯片窗格内进行幻灯片的制作和编辑，查看幻灯片的整体效果。

（5）任务窗格

任务窗格包括"幻灯片"和"大纲"两个选项卡。其中，"幻灯片"选项卡用于在任务窗格中以缩略图的形式显示幻灯片内容；"大纲"选项卡则用于在任务窗格中以大纲的形式显示幻灯片中的文本内容，不显示表格、图片、艺术字等其他内容。

（6）备注窗格

备注窗格主要用于添加备注，为幻灯片使用者在使用过程中提供提示信息。在备注窗格内只能添加文字信息，不能添加图片、表格等对象。

（7）状态栏

状态栏主要用于显示幻灯片编号、主题名称等信息。在状态栏的右侧，还包含视图切换按钮、缩放级别等信息。

2. PowerPoint 2010 的视图

PowerPoint 2010 包含多种视图，如普通视图、幻灯片浏览视图、备注页视图、阅读视图、母版视图和幻灯片放映视图等。用户可以根据自己的需要选择不同的视图方式来显示演示文稿的内容。

（1）普通视图

普通视图是系统默认的视图方式，如图 5-2 所示。在普通视图中，可以方便地编辑、查看每张幻灯片的内容及备注。

图 5-2　普通视图

普通视图将工作区分为三部分。工作区左侧为任务窗格，包含"幻灯片"选项卡和"大纲"选项卡。"幻灯片"选项卡以缩略图的形式显示每张幻灯片的内容；"大纲"选项卡以大纲的形式显示每张幻灯片的内容。工作区右上方为幻灯片窗格，完整显示了当前幻灯片的内容。工作区右下方为备注窗格，用于添加当前幻灯片的备注内容。

（2）幻灯片浏览视图

幻灯片浏览视图以缩略图的形式显示幻灯片内容，如图 5-3 所示。在幻灯片浏览视图中，可以从整体上对于幻灯片进行组织和排列，并且可以方便地对幻灯片进行添加、删除、移动、复制等操作。

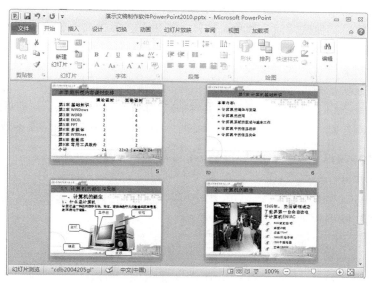

图 5-3　幻灯片浏览视图

（3）备注页视图

备注页视图用于显示和编辑备注页的内容。可以在备注页视图中添加当前幻灯片的备注内容，在幻灯片放映时作为参考。如果想以整页的形式显示备注页内容，可以单击"视图"选项卡中"演示文稿视图"组的"备注页"，如图 5-4 所示。

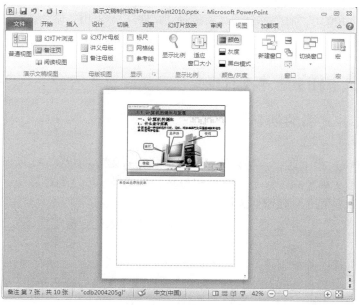

图 5-4　备注页视图

（4）阅读视图

阅读视图可以在方便审阅的窗口中查看演示文稿的内容，而不使用全屏放映的方式。单击"视图"选项卡中"演示文稿视图"组的"阅读视图"命令进入阅读视图。

（5）母版视图

母版视图包括幻灯片母版视图、讲义母版视图和备注母版视图。母板视图用于存储有关演示文稿的相关信息，包括背景、颜色、字体、效果、占位符大小和位置等。

可以使用母版视图对与演示文稿关联的每个幻灯片、备注页或讲义的样式进行全局更改。单击"视图"选项卡可以进入"母版视图"组。

（6）幻灯片放映视图

幻灯片放映视图用于以全屏的方式显示演示文稿的最终放映效果。在幻灯片放映视图下，可以完整地观看制作幻灯片时添加的图形、计时、电影、动画效果和切换等效果。

5.1.3 PowerPoint 2010 的启动与退出

1. 启动 PowerPoint 2010

启动 PowerPoint 2010 的方式有很多，用户可以根据自己的习惯选择自己熟悉的启动方式。常见的启动方式有以下两种。

（1）利用桌面上的快捷图标启动

如果桌面上包含 PowerPoint 2010 的快捷图标，可以直接双击桌面的快捷图标启动。

如果桌面上没有包含 PowerPoint 2010 的快捷图标，可以选择"开始"|"所有程序"|"Microsoft Office"|"Microsoft PowePoint 2010"命令，然后单击鼠标右键，在弹出的快捷菜单中选择"发送到"|"桌面快捷方式"，即可在桌面上创建快捷图标。

（2）利用"开始"菜单启动

单击"开始"|"所有程序"|"Microsoft Office"|"Microsoft PowePoint 2010"命令，即可启动 PowerPoint 2010。

2. 退出 PowerPoint 2010

单击窗口右上角的"关闭"按钮，或者选择"文件"|"退出"命令，即可退出 PowerPoint 2010。

5.2 演示文稿的基本操作

5.2.1 演示文稿的创建

1. 创建空白演示文稿

启动 PowerPoint 2010 时，会默认创建一个空白演示文稿，如图 5-1 所示。该演示文稿默认文件名为"演示文稿 1.pptx"，包含一张幻灯片，版式为"标题幻灯片"。

2. 利用"文件"菜单创建演示文稿

选择"文件"菜单|"新建"命令，可以根据模板或主题创建演示文稿，如图 5-5 所示。

（1）利用"文件"菜单创建空白演示文稿

选择"文件"菜单|"新建"命令，双击"空白演示文稿"或者单击"空白演示文稿"|"创建"命令，即可创建空白演示文稿。

图 5-5 利用"文件"菜单创建演示文稿

（2）根据模板创建演示文稿

选择"文件"菜单|"新建"命令，可以看到"样本模板"及"Office.com 模板"。

可以根据用户的需要选择"样本模板"中相应的模板或者下载"Office.com 模板"上所需的模板类型。

（3）根据主题创建演示文稿

选择"文件"菜单|"新建"命令，单击"主题"，可以根据自己的需要选择相应的主题创建演示文稿。

5.2.2 演示文稿的打开、保存和关闭

（1）演示文稿的打开

选择"文件"菜单|"打开"命令，在弹出的对话框中选择要打开演示文稿所在的路径，即可打开相应的演示文稿。

（2）演示文稿的保存

选择"文件"菜单|"保存"命令，或者使用快捷键【Ctrl+S】，在弹出的对话框中选择要保存演示文稿的路径，即可将演示文稿保存在相应的路径下。对于已经保存的演示文稿，选择"文件"菜单|"保存"命令，则可以保存最近修改过的演示文稿。

（3）演示文稿的关闭

选择"文件"菜单|"关闭"命令，即可关闭当前演示文稿。

5.3 演示文稿的编辑

创建演示文稿后，即可对演示文稿进行编辑。演示文稿的编辑主要包括在幻灯片上添加文本、对象，插入表格、图表、音频和视频等内容。

5.3.1 文本的编辑与格式设置

文本的添加和编辑是演示文稿编辑过程中的重要内容，在输入文本以后，还要根据需要进行文本的格式设置。

1. 在幻灯片上添加文本

如果幻灯片版式中包含文本占位符，则单击文本占位符，即可在其中输入文本。

如果用户需要向不含文本占位符的幻灯片版式中添加文本对象，则可以单击"插入"选项卡中"文本"选项组中的"文本框"命令，根据需要选择"横排文本框"或者"垂直文本框"命令，然后将鼠标移动到幻灯片上需要添加文本框的位置，按住鼠标左键并且拖动即可建立一个文本框，在该文本框中可以添加所需文本内容。

2. 文本的格式化

如果想将幻灯片内的文本设置成用户需要的格式，可以进行文本格式化操作。文本的格式化包括字体的设置和字符间距的设置。

选择需要进行格式化的文本，单击"开始"选项卡中"字体"选项组右下角"字体"按钮，在弹出的"字体"对话框中可以设置文本的格式，如图 5-6 所示。

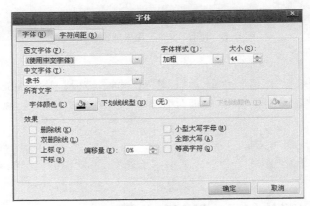

图 5-6　字体对话框

3. 段落的格式化

段落的格式化包括缩进和间距，以及中文版式的设置。

选择需要进行格式化的段落，单击"开始"选项卡中"段落"选项组右下角"段落"按钮，在弹出的"段落"对话框中可以设置段落的格式，如图 5-7 所示。

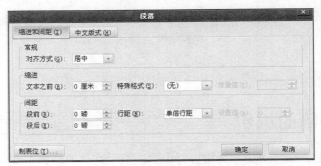

图 5-7　段落对话框

5.3.2　在幻灯片上添加对象

除了向幻灯片上添加文本以外，还可以向幻灯片上添加图形、图片和艺术字等对象。

1. 插入图形

选择"插入"菜单下"插图"选项组的"形状"命令，即可出现如图 5-8 所示对话框。

其中包括最近使用的形状、线条、矩形、基本形状、箭头汇总、公式形状、流程图、星与旗帜、标注及动作按钮等内容，单击所需要的形状，然后将鼠标移动到幻灯片上需要添加形状的位置，按住鼠标左键并且拖动即可建立相应的形状。

在插入动作按钮时，会出现如图 5-9 所示对话框，在这里可以进行动作按钮的动作设置，包括单击鼠标及鼠标移过时的动作设置。

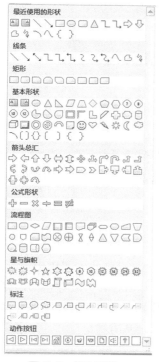

图 5-8　插入形状

图 5-9　"动作设置"对话框

添加完形状后，如果想对其进行修改，则单击该形状，在"绘图"工具的"格式"命令中可以做相应修改，如图 5-10 所示。

图 5-10　修改形状

2. 插入图片

选择"插入"菜单下"图像"选项组的"图片"命令，在弹出的"插入图片"对话框中选择需要插入的图片，即可在幻灯片上插入图片，调整图片的大小、位置，即可完成图片的插入，如图 5-11 所示。

图 5-11　插入图片

如果需要对图片进行调整，则单击该图片，在"图片"工具的"格式"命令中可以做相应修改，如图 5-12 所示。

图 5-12　修改图片

3. 插入艺术字

选择"插入"菜单下"文本"选项组的"艺术字"命令，在弹出的菜单中单击需要的艺术字，则会在幻灯片上出现如图 5-13 所示的占位符。单击该占位符，删除里面的提示文字，输入所需的文字，即可添加相应文字的艺术字。如需修改刚添加的艺术字，则单击该艺术字，在"绘图"工具的"格式"命令中可以做相应修改，如图 5-10 所示。

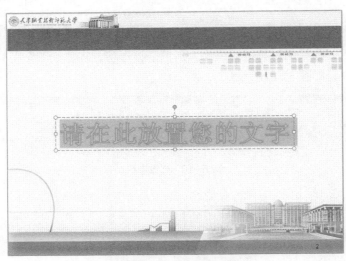

图 5-13　插入艺术字

5.3.3　插入表格和图表

1. 插入表格

（1）利用"插入表格"命令插入表格

选择"插入"菜单下的"表格"选项组，选择所需的行数和列数，即可在幻灯片上插入相应行数或列数的表格，如图 5-14 所示。

图 5-14　利用"插入表格"命令插入表格

或者选择"插入"菜单 |"表格" |"插入表格"命令，在弹出的对话框中输入所需的行数和列数，即可在幻灯片上插入固定行数和列数的表格。

（2）插入 Excel 电子表格

选择"插入"菜单 |"表格" |"Excel 电子表格"命令，即可在幻灯片上插入 Excel 电子表格。

此外，还可以从 Word 或 Excel 文件中复制相应的表格，粘贴到幻灯片的相应位置上。

2. 插入图表

选择"插入"菜单下的"插图"选项组的"图表"命令，如图 5-15 所示。在弹出的"插入图表"对话框中选择所需图表按钮，即可创建相应的图表。

图 5-15　插入图表

5.3.4　插入音频和视频

为了丰富幻灯片的播放效果，可以在幻灯片中插入音频和视频。

1.插入音频

选择"插入"菜单下的"媒体"选项组的"音频"|"文件中的音频"命令，在弹出的"插入音频"对话框中选择需要插入的音频文件，即可在幻灯片上插入音频文件，如图 5-16 所示，此时会在幻灯片上出现一个小扬声器的形状，单击则可在音频工具里调整音频文件的格式和播放效果，如图 5-16 所示。

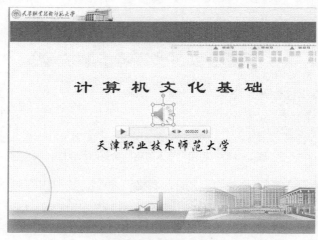

图 5-16　插入音频

2.插入视频

选择"插入"菜单下的"媒体"选项组的"视频"|"文件中的视频"命令，在弹出的"插入视频"对话框中选择需要插入的视频文件，即可在幻灯片上插入视频文件。

5.4　幻灯片的操作

5.4.1　幻灯片的选择

如果想编辑某张幻灯片，首先要选择该幻灯片。在普通视图和幻灯片浏览视图中都可以方便选择幻灯片。

在普通视图中，如果想选择单张幻灯片，则在左侧任务窗格的"幻灯片"选项卡中单击该幻灯片即可。如果想选择多张连续的幻灯片，则先单击第一张幻灯片，然后按住【Shift】键，单击最后一张幻灯片，即可完成多张幻灯片的选择。如果想选择多张不连续的幻灯片，则先单击第一张幻灯片，然后按住【Ctrl】键单击其他不连续的幻灯片即可。

在幻灯片浏览视图中，可以更加方便选择单张或多张幻灯片，操作方式和普通视图相同即可。

5.4.2　幻灯片的插入

如果想在当前幻灯片中插入新的幻灯片，可以进行插入幻灯片的操作。

在普通视图左侧"幻灯片"选项卡中选择一张幻灯片，为当前幻灯片。单击"开始"菜单下"幻灯片"选项组的"新建幻灯片"命令（或者直接按【Enter】回车键），则可在当前幻灯片后面插入和之前幻灯片相同版式的幻灯片。

也可以单击"新建幻灯片"右下角下拉按钮[▼]，选择其他版式的幻灯片。

5.4.3 幻灯片的复制、粘贴和删除

在进行复制、粘贴和删除操作之前，需要首先选择需要操作的幻灯片，然后进行相应操作。

1. 幻灯片的复制

可以使用以下几种方法进行幻灯片的复制。

（1）使用"开始"菜单下"剪贴板"选项组的"复制"命令。

（2）单击"开始"菜单下"幻灯片"选项组的"新建幻灯片"右下角下拉按钮[▼]，在打开的下拉列表中选择"复制所选幻灯片"命令进行复制。

（3）单击鼠标右键，在弹出的快捷菜单中选择"复制幻灯片"命令。

2. 幻灯片的粘贴

可以使用"开始"菜单下"剪贴板"选项组的"粘贴"命令或者单击鼠标右键，在弹出的菜单中选择进行幻灯片的粘贴。在进行幻灯片的粘贴操作时，可以选择三种不同的粘贴方式。

（1）使用目标主题：使用目标主题会使粘贴后的幻灯片保持和当前幻灯片同样的主题。

（2）保留源格式：保留源格式会保留幻灯片原有的格式。

（3）图片：图片的方式则将幻灯片粘贴为图片的形式。

3. 幻灯片的删除

选择需要删除的单张或多张幻灯片，按【Delete】键即可删除。或者在选择幻灯片后，单击鼠标右键，在弹出的快捷菜单中选择"删除幻灯片"命令。删除幻灯片后，该幻灯片后面的幻灯片会自动向前排列。

5.5   演示文稿的设计

幻灯片编辑完成后，可以通过应用主题或设计背景格式对演示文稿加以修饰，使演示文稿中的幻灯片具有统一的外观。

5.5.1   应用主题

PowerPoint 2010 提供了多种内置的主题效果供用户选择，此外，用户也可以根据需要对主题进行修改，自定义主题效果。

1. 应用内置主题效果

单击"设计"菜单下"主题"选项组右侧的"其他"按钮[▼]，打开"所有主题"列表，如图 5-17 所示，可以从中选择一种主题应用于当前的幻灯片。

2. 自定义主题效果

在"设计"菜单下，"主题"选项组右侧包括"颜色"和"字体"按钮，用户可以通过更改颜色和字体自定义主题效果。

（1）新建主题颜色

单击"设计"菜单下"主题"选项组"颜色"按钮，在打开的下拉列表中列出了当前演示文稿及内置主题效果的配色方案及名称。这些配色方案是 8 种协调色的集合，包括文本、

背景、填充、强调文字所用的颜色等。单击下拉列表下方的"新建主题颜色"命令，则打开
"新建主题颜色"对话框，如图 5-18 所示。单击需要修改的颜色块后的下拉按钮，可对该颜
色进行修改。

图 5-17　内置主题列表

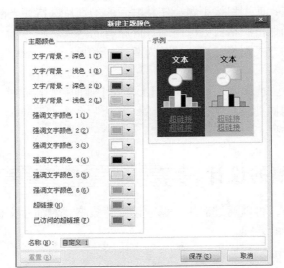

图 5-18　"新建主题颜色"对话框

　　调整完各颜色块颜色后，在"名称"框中输入用户自定义主题颜色名称，单击"保存"
按钮，即可保存该配色方案，下次使用时单击"颜色"按钮，即可在下拉列表中出现该主题
颜色名称。

　　（2）新建主题字体

　　单击"设计"菜单下"主题"选项组"字体"按钮，在打开的下拉列表中单击"新建主
题字体"命令，则打开"新建主题字体"对话框，如图 5-19 所示。单击所要修改的西文或中
文字体后的下拉按钮，可对该字体进行修改。

　　调整完字体后，在"名称"框中输入用户自定义主题字体名称，单击"保存"按钮，即
可保存该字体，下次使用时单击"字体"按钮，即可在下拉列表中出现该主题字体名称。

图 5-19　"新建主题字体"对话框

5.5.2　设计背景格式

选择需要设置背景格式的单张或多张幻灯片，单击"设计"菜单下"背景"选项组中"背景样式"下拉按钮，在打开的下拉列表中单击"设计背景格式"命令；或者直接单击"设计"菜单下"背景"选项组右下角的"设计背景格式"按钮 ，即可打开"设置背景格式"对话框，如图 5-20 所示。

图 5-20　"设置背景格式"对话框

背景格式的设置主要包括填充、图片更正、图片颜色和艺术效果 4 部分内容。打开相应的选项卡，用户可以根据需要进行设置，设置完成后，单击"重置背景"按钮即可完成背景格式的设置。

5.6　幻灯片的放映设置

幻灯片编辑完成后，在进行放映之前还需要进行放映设置。幻灯片的放映设置主要包括设置动画效果、设置幻灯片的切换效果及在演示文稿中进行超链接的设置等内容。

5.6.1　设置动画效果

在设置幻灯片的动画效果之前，需要先选择要进行动画效果设置的对象，然后选择"动画"菜单下的"动画"选项组右侧的"其他"按钮 ，打开的列表中列出了可选择的动画效果，如图 5-21 所示。动画效果主要包括进入效果、强调效果和退出效果等。

1. 进入效果

进入效果指使对象以某种效果进入幻灯片演示文稿。除了图 5-21 列出的进入效果外，还可以在如图 5-21 所示的列表中单击"更多进入效果"命令，则出现如图 5-22 所示的"更多进入效果"对话框。

该对话框中列出了更多的进入效果，用户可以根据需要进行选择。选择完毕后，可以勾选"预览效果"选项，单击"确定"按钮，预览该进入效果。

2. 强调效果

强调效果指为已出现在幻灯片上的对象添加某种效果进行强调。除了图 5-21 列出的强调效果外，还可以在如图 5-21 所示的列表中单击"更多强调效果"命令，则出现如图 5-23 所示的"更多强调效果"对话框。

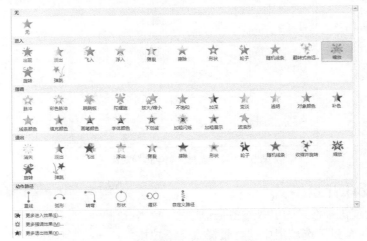

图 5-21　动画效果

图 5-22　"更多进入效果"对话框

图 5-23　"更多强调效果"对话框

该对话框中列出了更多的强调效果，用户可以根据需要进行选择。选择完毕后，可以勾选"预览效果"选项，单击"确定"按钮，预览该强调效果。

3. 退出效果

退出效果指使对象以某种效果退出幻灯片演示文稿。除了图 5-21 列出的退出效果外，还可以在如图 5-21 所示的列表中单击"更多退出效果"命令，则出现如图 5-24 所示的"更多退出效果"对话框。

该对话框中列出了更多的退出效果，用户可以根据需要进行选择。选择完毕后，可以勾选"预览效果"选项，单击"确定"按钮，预览该退出效果。

4. 效果选项的设置

设置完动画效果后，可以选择"动画"选项组右侧的"效果选项"按钮进行进一步设置。不同动画效果的效果选项不同，如"进入效果"中"飞入"的效果选项如图 5-25 所示。可以在图 5-25 中进一步设置"飞入"效果的方向及序列。

图 5-24 "更多退出效果"对话框

图 5-25 "飞入"效果选项

也可以单击"动画选项组"右下角的下拉按钮 显示"效果选项"对话框，如图 5-26 所示，此处可以设置更加完整的效果选项。如"进入效果"中"飞入"的效果选项包括效果、计时和正文文本动画选项卡，在不同的选项卡中进行设置后，单击"确定"按钮，即可完成设置。

5.6.2 设置幻灯片的切换效果

幻灯片的切换效果指在演示文稿播放过程中，幻灯片进入和离开屏幕时产生的效果。PowerPoint 2010 提供了多种幻灯片切换效果，用户可以根据自己的需

图 5-26 "飞入"效果选项对话框

要为每一张幻灯片设置不同的切换效果，或者为多张幻灯片设置同样的切换效果。

1. 选择幻灯片切换效果

在设置幻灯片的切换效果之前，需要先选择要进行切换的单张或多张幻灯片，然后选择"切换"菜单下的"切换到此幻灯片"选项组右侧的"其他"按钮 ，打开的列表中列出了可选择的切换效果，如图 5-27 所示。幻灯片的切换效果主要包括细微型、华丽型和动态内容等，用户可以根据需要从中选择一种幻灯片切换效果。

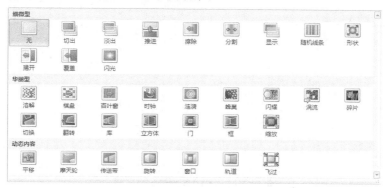

图 5-27 幻灯片切换效果

2.效果选项的设置

设置完幻灯片切换效果后，可以选择"切换到此幻灯片"选项组右侧的"效果选项"按钮进行进一步设置。不同动画效果的效果选项不同，如"显示"的效果选项如图 5-28 所示。可以在图 5-28 中进一步设置"显示"切换效果。

3."计时"选项组的设置

在"计时"选项组中，可以进行幻灯片切换时声音和换片方式的设置，如图 5-29 所示。

在"计时"选项组左侧的"声音"按钮下拉列表框中选择一种声音，则会在上一张幻灯片切换到当前幻灯片时播放该声音。

在"计时"选项组右侧的"换片方式"中选中"单击鼠标时"复选框，则在单击鼠标时切换到下一张幻灯片；选中"设置自动换片时间"复选框，则在设置的自动换片时间后自动切换到下一张幻灯片。

幻灯片切换效果设置完毕后，单击图 5-29 中"全部应用"按钮，即可将设置的切换效果应用于所有幻灯片，否则，只应用于当前选定的幻灯片。

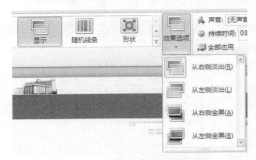

图 5-28　"显示"的切换效果

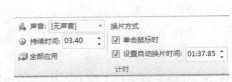

图 5-29　"计时"选项组

5.6.3　演示文稿中超链接的设置

PowerPoint 2010 提供了超链接功能，用户可以通过超链接功能在制作演示文稿时创建幻灯片对象的超链接。PowerPoint 2010 中的超链接不仅可以链接到同一演示文稿的各个幻灯片，还可以链接到其他的演示文稿、Word 文档、Excel 电子表格、URL 地址等。

插入超链接的过程如下。

选中需要添加超链接的对象，然后单击"插入"菜单下"链接"选项组的"超链接"命令，或者单击鼠标右键，在弹出的快捷菜单中选择"超链接"命令，弹出如图 5-30 所示对话框。

图 5-30　"插入超链接"对话框

（1）超链接至现有文件或网页

如图 5-30 所示，选择"现有文件或网页"，即可将超链接添加至当前文件夹、浏览过的网页及最近使用过的文件中。选择需要链接到的文件或网页，单击"确定"按钮，即可添加相应的超链接。

（2）超链接至本文档中的位置

如果在幻灯片放映过程中，需要把某个对象链接到本文档中其他幻灯片上，则在如图 5-30 所示中选择"本文档中的位置"，如图 5-31 所示。选择完需要链接的幻灯片后，会在幻灯片预览窗口显示该幻灯片的内容，确认后单击"确定"按钮，即可超链接至本文档中的其他幻灯片上。

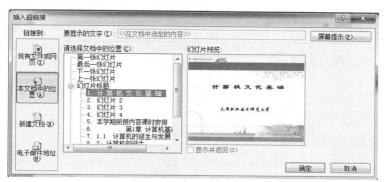

图 5-31　超链接至本文档中

（3）超链接至新建文档

如果在幻灯片放映过程中，需要把某个对象链接到其他的演示文稿、Word 文档、Excel 电子表格等内容上，则在图 5-30 中选择"新建文档"。

如图 5-32 上图所示，在"新建文档名称"中输入想要链接到的文档的完整路径，或者单击"更改"按钮，在弹出的"新建文档"对话框中选择需要链接的文档，单击"确定"按钮，如图 5-32 下图所示，在"新建文档名称"中即可出现需要链接到的文档信息。单击"确定"按钮，即可超链接至图 5-32 中的 Word 文档。

（4）超链接至电子邮件地址

如图 5-30 所示，选择"电子邮件地址"，即可将超链接添加至相应的电子邮件中。

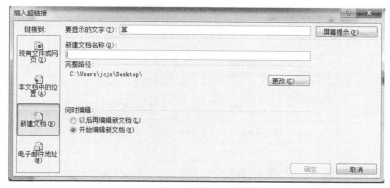

图 5-32　超链接至新建文档

图 5-32　超链接至新建文档（续）

5.7　演示文稿的放映

演示文稿编辑完成后，即可进行演示文稿的放映。演示文稿的放映包括设置放映时间、设置放映方式及在放映时使用画笔等。

5.7.1　放映演示文稿

选择"幻灯片放映"菜单下"开始放映幻灯片"选项组，单击"从头开始"或者"从当前幻灯片开始"按钮，即可进行幻灯片放映。此外，单击视图中的"幻灯片放映"按钮 ，则可从当前幻灯片开始放映。或者无需启动 PowerPoint 2010，直接用鼠标右键单击需要放映的演示文稿文件，在弹出的快捷菜单中选择"显示"命令，即可放映该演示文稿。

5.7.2　设置放映方式

选择"幻灯片放映"菜单下"设置"选项组，单击"设置幻灯片放映"按钮，弹出如图 5-33 所示"设置放映方式"对话框，可以根据用户需要进行放映方式的设置，如放映类型、放映选项、换片方式等。设置完成后，单击"确定"按钮即可保存相应设置。

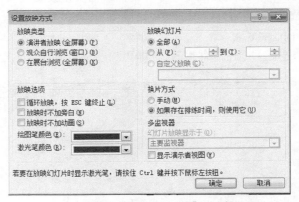

图 5-33　"设置放映方式"对话框

5.7.3　使用幻灯片放映帮助

在幻灯片放映过程中，单击鼠标右键，在弹出的快捷菜单中单击"帮助"命令，即可出现如图 5-34 所示帮助对话框。帮助对话框分为常规、排练/记录、媒体和墨迹 4 个选项卡，给出了相应的快捷键及说明，用户可以使用快捷键方便地对幻灯片进行操作。

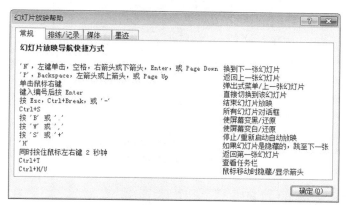

图 5-34　"幻灯片放映帮助"对话框

5.7.4　使用画笔

PowerPoint 2010 提供了画笔功能，使用户可以在幻灯片放映过程中对于演示文稿的内容进行勾画或标注重点等操作。

在幻灯片放映过程中，单击鼠标右键，在弹出的快捷菜单中单击"指针选项"命令，出现如图 5-35 所示级联菜单。在该菜单中，"笔"命令可以在幻灯片上勾画比较细的线条，"荧光笔"命令可以为文字添加荧光底色，"墨迹颜色"命令用于更改笔或荧光笔的线条颜色，"橡皮擦"命令用于擦除已画的线条，"擦除幻灯片上的所有墨迹"可以将所有画线墨迹等清除。

图 5-35　使用画笔

5.8　演示文稿的打包与打印

演示文稿制作完毕后，还可以进行打包或打印等操作。

5.8.1　演示文稿的打包

如果需要脱离 PowerPoint 2010 环境放映演示文稿，可以将其打包后再放映。首先打开需要打包的演示文稿，选择"文件"｜"保存并发送"｜"将演示文稿打包成 CD"命令，打开如图 5-36 所示对话框。

单击"选项"按钮进行设置后，单击"复制到文件夹"按钮，可以将打包文件保存到指定的文件夹中。单击"复制到 CD"按钮，则直接将演示文稿打包到光盘中。

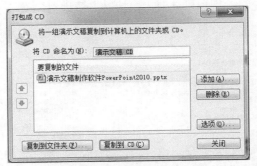

图 5-36 打包演示文稿

5.8.2 演示文稿的打印

选择"文件"|"打印"命令，如图 5-37 所示，可以进行相应的打印设置。

如图 5-38 所示，可以在设置中打开"整页幻灯片"下拉列表框，选择打印版式或者将幻灯片打印成讲义的形式。

图 5-37 演示文稿的打印

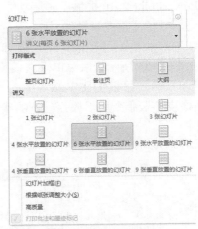

图 5-38 打印成讲义

本章习题

习题 1：

以"我的家乡"为主题完成一个 5 页的幻灯片演示文稿，进行下列操作，并保存文件。

1. 为第一张幻灯片设置版式为"标题幻灯片"，并添加艺术字。
2. 为所有幻灯片设置"奥斯汀"主题。
3. 为第二张幻灯片中的内的某个对象添加超链接，链接到第五张幻灯片。
4. 为第三张幻灯片内的某个对象设置动画效果为"浮入"，效果选项为"上浮"。
5. 为第四张幻灯片设置切换效果为"擦除"，效果选项为"从右上部"。

习题 2：

以"我的爱好"为主题完成一个 5 页的幻灯片演示文稿，进行下列操作，并保存文件。

1. 为所有幻灯片设置"穿越"主题。

2. 移动第三张幻灯片，使之成为第一张幻灯片。

3. 在第四和第五张幻灯片之间插入一张新幻灯片，版式为"两栏内容"，并在新幻灯片上插入任意一幅图片，为其设置动画效果为"加深"，动画播放后效果为"下次单击后隐藏"。

4. 为第四张幻灯片设置切换效果为"推进"，效果选项为"自左侧"，声音为"单击"，持续时间为"0.5 秒"。

5. 删除第二张幻灯片。

习题 3：

以"我的理想"为主题完成一个 5 页的幻灯片演示文稿，进行下列操作，并保存文件。

1. 为所有幻灯片设置"暗香扑面"主题。

2. 为第二张幻灯片设置版式为"内容与标题"，并插入动作按钮"前进或下一项"，链接到下一张幻灯片。

3. 为第三张幻灯片插入任意一幅剪贴画，并为其设置动画进入效果为"劈裂"，效果选项为"上下向中央收缩"。

4. 将所有幻灯片的填充效果预设为"漫漫黄沙"。

5. 为第四张幻灯片设置切换效果为"淡出"，效果选项为"全黑"，声音为"爆炸"，持续时间为"1 秒"。

习题 4：

以"我的大学"为主题完成一个 5 页的幻灯片演示文稿，进行下列操作，并保存文件。

1. 为第一张幻灯片设置版式为"标题幻灯片"，设置标题字体为"黑体"、"加粗"，并设置标题动画效果为"飞入"，方向为"自右侧"，增强动画文本为"按字/词"。

2. 设置所有幻灯片的切换效果为"时钟"，效果选项为"逆时针"，换片方式为"单击鼠标时"，声音设为"鼓掌"，应用于全部幻灯片。

3. 为第三张幻灯片内的某个对象设置动画退出效果为"劈裂"，效果选项为"左右向中央收缩"。

4. 为第四张幻灯片的背景预设为"碧海青天"，"线性对角—左上到右下"底纹样式。

5. 为第五张幻灯片插入一个垂直文本框，设置里面文字字体为"华文仿宋"，字号为"50"，字形为"加粗、倾斜"，颜色为"黑色，文字 1，淡色 50%"。

PART 6

第 6 章
计算机网络

随着 Internet 的普及，计算机网络已经成为人们工作、生活中必不可少的工具之一。计算机网络是计算机技术和通信技术相结合的产物。计算机网络的发展水平不仅反映了一个国家的计算机技术和通信技术的水平，也成为衡量其现代化程度的重要标志。本章主要介绍计算机网络基础、通信的相关技术和 Internet 的基本技术及应用。

6.1　计算机网络基础

6.1.1　计算机网络的产生与发展

计算机网络的产生与发展，实质上是计算机技术和通信技术相结合与发展的过程。计算机网络的出现和发展不仅提高了工作效率，使人们从日常繁杂的事务性工作中解脱出来，其快捷的应用性也使得计算机网络成为现代生活中必可不少的工具。

计算机网络的发展历程大概经历了以下 4 个阶段。

1. 以单台计算机为中心的联机终端网络

20 世纪 50 年代初，由于美国军方的需要，麻省理工学院林肯实验室开始为美国空军设计半自动地面防空系统（SAGE），它把远距离的雷达和其他测控设备的信号通过通信线路传送到一台旋风计算机进行处理和控制，首次实现了计算机技术与通信技术的结合。

20 世纪 60 年代，美国航空公司和 IBM 公司联合研制了预定飞机票系统（SABRE-1），该系统由一台中央计算机与遍布美国本土的 2000 多个终端组成。

以单台计算机为中心的联机终端网络是一种主从式结构，计算机处于主控地位，承担着数据处理和通信控制工作，而各终端一般只具有输入/输出功能，处于从属地位。这是现代计算机网络的雏形。

2. 多台计算机通过线路互连的计算机网络

20 世纪 60 年代中期，出现了多个计算机互连的计算机网络。这种网络将分散在不同地点的计算机利用通信线路相互连接起来，为终端用户提供服务。用户可以通过计算机使用本地主机的软、硬件资源和数据资源，也可以使用联网的远程计算机上的软硬件资源和数据资源，以达到计算机资源共享的目的。

这个阶段出现的 ARPANET 标志着现代意义上的计算机网络的出现。1969 年，美国国防部高级研究计划局提出将多个大学、公司和研究所的多台计算机互连。到 1973 年，节点从 4 个发展到 40 个。ARPANET 完成了对计算机网络的定义、分类，提出了资源子网、通信子网的网络结构概念，研究了分组交换技术，成为计算机网络技术发展的重要里程碑。

3. 国际标准化协议的计算机网络

20世纪70年代中期，国际上各种广域网、局域网和公用分组交换网发展十分迅速，各个计算机厂商纷纷发展自己的计算机网络系统，如 IBM 公司发布了 SNA 系统网络体系结构、DEC 公司发布了 DNA 数字网络体系结构等。但是，不同公司或机构组建的网络采用了不同的组网技术和标准，使得它们之间无法互连，这样大大阻碍了网络的大范围发展。

1974年，著名的 TCP/IP 协议出现了，其中 IP 协议（网际互联协议）是基本的通信协议，TCP 协议（传输控制协议）帮助 IP 实现可靠传输。TCP/IP 协议虽然不是国际标准，但是其一直沿用至今。1977年，国际化标准组织 ISO 提出了 OSI（开放系统互连参考模型），它所提出的关于计算机网络的许多概念和技术被广泛使用。

4. Internet 时代

1983年，TCP/IP 协议被批准为美国军方的网络传输协议。同年，ARPANET 分化为民用的 ARPANET 和军用的 MILNET 两个网络。1984年，美国国家科学基金会决定将教育科研网 NSFNET 与 ARPANET、MILNET 合并，运行 TCP/IP 协议，向全世界的范围扩展，并将此网络命名为 Internet。

进入20世纪90年代，随着计算机网络技术的迅猛发展，特别是1993年美国宣布建立国家信息基础设施 NII 后，全世界许多国家都纷纷制定和建立本国的 NII，从而极大地推动了计算机网络技术的发展。

如今，Internet 已经成为遍布全球的国际性网络，Internet 上不仅有分布于世界各地计算机上的海量信息资源，而且也为网络用户提供各种各样的网络应用服务。

6.1.2 计算机网络的定义

计算机网络从计算机技术和通信技术相结合的角度来看，可以认为是计算机技术和通信技术相结合，实现远程信息处理、资源共享的系统。从现代计算机网络的角度来看，可以认为是自主计算机系统的互联集合，互联不仅是计算机间的物理上的联通，而且指计算机间的交换信息、资源共享，这样就需要通信设备和传输介质的支持和网络协议的协调控制。

计算机网络的完整定义是：计算机网络是将分布在不同地域并具有独立工作能力的多台计算机、终端及其附属设备使用通信设备和传输介质连接起来，并配备网络软件，构成彼此间可以相互通信和协作的综合信息处理系统，以实现信息的传输和资源的共享。

6.1.3 计算机网络的分类

计算机网络的分类标准有很多，一般可以从其拓扑结构、覆盖范围和传输介质等方面进行分类。

1. 按网络拓扑结构分类

计算机网络的拓扑结构是引用拓扑学中的研究与大小、形状无关的点、线特征的方法，把网络单元定义为节点，两节点间的线路定义为链路，则网络节点和链路的几何位置就是网络的拓扑结构。网络的拓扑结构主要有总线形、环形、星形和网状结构。

2. 按网络覆盖范围分类

按照网络的覆盖范围，可以将网络分为广域网、城域网和局域网。

（1）广域网

广域网（WAN）的作用范围通常是几十到几千千米，可以跨越辽阔的地理区域，进行长距离的信息传输，它所包含的地理范围通常是一个国家、地区或者洲。

在广域网内，用于通信的装置和介质一般由电信部门提供，网络则由多个部门或国家联合组建，网络规模大，能实现较大范围的资源共享。

（2）城域网

城域网（MAN）一般是在城市内部组建的计算机网络，作用范围一般是几十千米，提供全市的信息服务。城域网是介于广域网和局域网之间的一种高速网络。

（3）局域网

局域网（LAN）是最常见的计算机网络，它是指在一个较小范围内连接计算机、网络设备及外部设备的网络。它所覆盖的地区范围通常在几千米以内，通常，企业、公司等单位使用的都是局域网。

3.按传输介质分类

按照网络的传输介质，可以将网络分为有线网和无线网。

（1）有线网

传输介质采用有线介质连接的网络称为有线网，通常采用的传输介质有双绞线、同轴电缆和光纤等。

（2）无线网

传输介质采用无限介质连接的网络称为无线网，通常采用微波、红外线、无线电、激光和卫星。无线传输的优点是其便捷性，缺点是容易受到外部环境的影响。

6.1.4 计算机网络的组成

计算机网络是一个通信网络，各计算机之间通过传输介质、通信设备进行数字通信。各计算机可以通过网络共享其他计算机上的硬件资源、软件资源和数据资源。为了简化计算机网络的分析和设计、有利于网络的硬件和软件配置，一般把计算机网络分为通信子网和资源子网两部分，如图 6-1 所示。

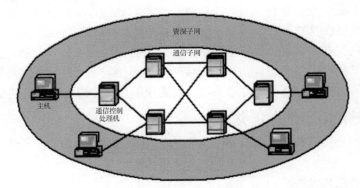

图 6-1 计算机网络

1.通信子网

通信子网由通信控制处理机、通信线路与其他通信设备组成，负责完成网络数据传输、转发等通信处理任务。

通信控制处理机在网络拓扑结构中被称为网络节点。它一方面作为与资源子网的主机、终端连结的接口，将主机和终端连入网内；另一方面它又作为通信子网中的分组存储转发节点，完成分组的接收、校验、存储、转发等功能，实现将源主机报文准确发送到目的主机的作用。目前通信控制处理机一般为路由器和交换机。

通信线路为通信控制处理机与通信控制处理机、通信控制处理机与主机之间提供通信信道。计算机网络采用了多种通信线路，如电话线、双绞线、同轴电缆、光纤电缆、无线通信信道、微波与卫星通信信道等。

2. 资源子网

资源子网由主机系统、终端、终端控制器、联网外设、各种软件资源与信息资源组成。资源子网实现全网的面向应用的数据处理和网络资源共享，它由各种硬件和软件组成。

（1）主机系统（Host）。它是资源子网的主要组成单元，装有本地操作系统、网络操作系统、数据库、用户应用系统等软件。它通过高速通信线路与通信子网的通信控制处理机相连接。普通用户终端通过主机系统连入网内。早期的主机系统主要是指大型机、中型机与小型机。

（2）终端。它是用户访问网络的界面。终端可以是简单的输入、输出终端，也可以是带有微处理器的智能终端。智能终端除具有输入、输出信息的功能外，本身具有存储与处理信息的能力。终端可以通过主机系统接入网内，也可以通过终端设备控制器、报文分组组装与拆卸装置或通信控制处理机接入网内。

6.2 局域网基本技术

局域网是最常见的计算机网络，它是指在一个很小的范围内连接计算机、网络设备及外围设备的网络。局域网主要用来构建一个单位的内部网络，例如，办公室网络、办公大楼内的局域网、学校的校园网、工厂的企业网、公司及科研机构的园区网等。局域网通常属于单位所有，单位拥有自主管理权，以共享网络资源为主要目的的。局域网有网络范围小、数据传输速率高、传输错误率低、组建方便、使用灵活、网络构建成本低等特点。

6.2.1 局域网的拓扑结构

网络拓扑结构式地理位置上分散的各个网络节点互连的几何逻辑布局。网络拓扑结构决定了网络的工作原理及信息的传输方式，拓扑结构一旦选定，必定要选择一种适合于这种拓扑结构的工作方式与信息传输方式。局域网中常见的网络拓扑结构有总线形、环形、星形、树形和网状。

1. 总线形

总线形结构采用一条单根的通信线路作为公共的传输通道（总线），所有的节点都通过相应的接口直接连接到总线上，并通过总线进行数据传输，如图 6-2 所示。总线上的任意一台主机都是平等的，在任何时候，它们中的任意一台主机都可以主动发送信息。当一台主机发送信息时，其他主机允许接收信息。

总线形结构的特点是：广播式传输技术，结构简单灵活、易于扩展，共享能力强。但所有数据都需要经过总线传送，出现故障时诊断较为困难，管理成本高，总线发生故障将导致整个网络瘫痪。

2. 环形

环形结构是各个网络节点通过环接口连在一条首尾相接的闭合环形通信线路中，如图 6-3 所示。环形拓扑结构中的数据一般是单向传输的。环路中各个节点的地位相同，任何节点都可以请求发送信息，请求一旦被批准，便可以向环路发送信息。

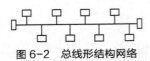

图 6-2 总线形结构网络

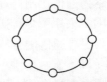

图 6-3 环形结构网络

环形结构的特点是：结构简单，信息流在网络中沿环单向传递。但是环形结构可靠性差、可扩充性差，节点增加时，使网络响应时间变长，加大时延。

3. 星形

星形拓扑结构中的每个节点都有一条单独的链路与中心节点相连，信息的传输是通过中心节点的存储转发技术实现的，如图 6-4 所示。

星形结构的特点是：结构简单，便于管理和维护，易实现结构化布线，易扩充，易升级。但是中心节点负担重，易成为信息传输的瓶颈和单点故障点。

4. 树形

树形结构是从总线形和星形结构演变来的，网上各节点按一定的层次连接起来，形状像一棵倒置的树。树形结构的传输介质有多条分支，但不形成闭合回路，可以把树形结构看成是星形结构的叠加，如图 6-5 所示。

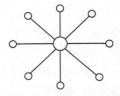

图 6-4 星形结构网络

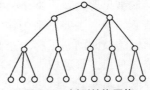

图 6-5 树形结构网络

树形结构的特点是：对根节点的依赖性大，易出现单点故障，易于扩展，但电缆成本高。

5. 网状

网状结构是指将各网络节点与通信线路互连成不规则的形状，每个节点至少与其他两个节点相连，或者说每个节点至少有两条链路与其他节点连接。网状拓扑结构分为一般网状拓扑结构和全连接网状拓扑结构，如图 6-6 所示。

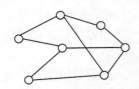
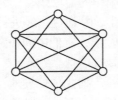

图 6-6 网状结构网络

网状结构的特点是：有冗余链路，可靠性高，可选择最佳路径，减少时延，改善流量分配，提高网络性能，但是路经选择比较复杂，结构复杂，不易管理和维护，线路成本高。

6.2.2 局域网中的传输介质

传输介质是网络中连接收发双方的物理通路，也是通信中实际传送信息的载体。局域网中常用的有线网络传输介质有双绞线、同轴电缆和光纤等。

1.双绞线

双绞线简称 TP。一根双绞线中有 4 对绝缘导线，每对绝缘导线都由两根绝缘导线相互缠绕而成，如图 6-7 所示。双绞线分为屏蔽双绞线（STP）和非屏蔽双绞线（UTP）两种，非屏蔽双绞线在双绞线外有一层外部保护层，屏蔽双绞线要再增加一层屏蔽金属网。

双绞线既可用于传输模拟信号，又可用于传输数字信号，适合于短距离传输。非屏蔽双绞线价格便宜，传输速度偏低，抗干扰能力较差。屏蔽双绞线抗干扰能力较好，具有更高的传输速度，但价格相对较贵。

2.同轴电缆

同轴电缆在 20 世纪 80 年代的局域网中使用最为广泛，但目前同轴电缆逐渐退出了网络市场，只应用于有线电视和某些特殊的局域网中。

同轴电缆由内导体、外屏蔽层、绝缘层及外部保护层组成，如图 6-8 所示。

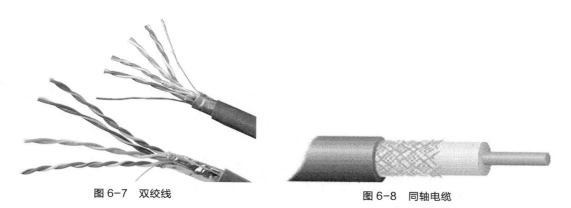

图 6-7　双绞线　　　　　　　　　　　　　图 6-8　同轴电缆

3.光纤

光纤又称光导纤维，是一种细小、柔韧、能传输光信号的介质。光纤的中心是传播光的玻璃芯，芯外面包围着一层折射率比芯低的玻璃封套，以使光保持在芯内，再外面是一层薄的塑料外套。光纤通常被扎成束，外面有外壳保护，如图 6-9 所示。通常一根光缆中有多根光纤。

光纤的电磁绝缘性好、信号衰减小、频带宽、传输速度快、传输距离远。光纤主要用于传输距离较长、布线条件特殊的主干网连接。

图 6-9　光纤

6.2.3　局域网中的通信设备

网络中常见的通信设备有网卡、调制解调器、集线器、路由器、交换机等。

1.网卡

网卡又叫作网络适配器，是局域网中连接计算机与通信设备的关键设备，如图 6-10 所示。它负责将数据从计算机传输到传输介质或由传输介质传输到计算机。

使用 RJ-45 网络连接头（水晶头）的以太网网卡是最常见的网卡，每个网卡都有一个唯一的物理地址，即网卡的网络地址，也成为 MAC 地址。

2. 调制解调器

调制解调器（Modem）用于实现模拟信号与数字信号的转换，如图 6-11 所示。把数字信号转换为模拟信号成为调制，把模拟信号转换为数字信号为解调。计算机通过电话线拨号上网，就是采用调制解调器和电话线连接到 Internet 上。

图 6-10　网卡

图 6-11　调制解调器

3. 集线器

集线器（Hub）用来将多台计算机接入网络，如图 6-12 所示。但是集线器是所有用户共享带宽，带宽由它的端口平均分配，每个用户的可用带宽随着接入用户的增加而减少。

4. 路由器

路由器（Router）是网络与网络之间的连接设备，如图 6-13 所示。它可以将多个不同类型的网络连接在一起，为数据选择正确的传输方向。

图 6-12　集线器

图 6-13　路由器

在互联网中，两台计算机之间传递数据的通路会有很多条，数据包从一台计算机出发，中途要经过多个站点才能达到另一台计算机。这些中间站点通常是由路由器组成的，路由器的作用就是为数据包选择一条合适的传输路径。

5. 交换机

交换机（Switch）是集线器的换代产品，其作用与集线器相同，也是将作为传输介质的线缆汇聚在一起，以实现计算机之间的连接，如图 6-14 所示。

图 6-14　交换机

交换机为每个用户提供专用的信息通道，因而能够为用户提供更高的数据传输速度。它将传统的共享带宽方式转变为独占方式，每个节点都可以拥有和上游节点相同的带宽。

6.3 数据通信基础

数据通信技术是网络技术发展的基础，计算机网络的发展与数据通信技术密不可分。

6.3.1 数据通信的基本概念

1. 信号和信息

信号是数据在传输过程中的具体物理表示形式，信号沿着传输介质发送，从而实现数据的传输。

数据是信息的载体，它是信息的表现形式，可以是数字、字符和符号等。把数据按一定的规则组织起来，可以传达某种意义，这种具有某种意义的数据集合就是信息。

2. 模拟信号和数字信号

模拟信号是随时间连续变化的物理量，如图 6-15 所示，如声音。当人说话时，空气中会产生声波，这个声波包含了一段时间内的连续值。

数字信号相对于时间和幅值而言都是不连续的，即离散的物理量，如图 6-16 所示。最简单的数字信号是二进制数字 0 和 1，分别由物理量的两个不同状态表示。

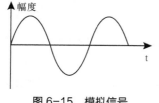

图 6-15 模拟信号

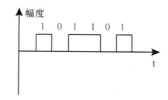

图 6-16 数字信号

6.3.2 数据通信的主要技术指标

在数据通信中，主要由传输速率、数据传输带宽和误码率三个主要技术指标来衡量其质量。

1. 数据传输速率

数据传输速率是指单位时间内传输的信息量，通常用比特率表示。比特率是每秒钟传输二进制信息的位数，单位是位/秒（bit/s）。

2. 传输带宽

带宽是指每秒钟传输的最大位数，也就是一个信道的最大数据传输速率，单位是赫兹。传输带宽与数据传输速率是有区别的，传输带宽表示信道的最大数据传输速率，是信道传输数据能力的极限，而速率就是实际的数据传输速率。这一点类似某段公路对汽车的最大限速和汽车实际行驶速度。

3. 误码率

误码率是指二进制数据位传输时出错的概率，它是衡量数据通信系统在正常工作情况下传输可靠性的指标。在计算机网络中，一般要求误码率低于 10^{-6}。如果误码率达不到这个指标，可以通过差错控制方法来检错和纠错。

6.3.3 数据传输技术

计算机网络中两台计算机之间的通信过程如图 6-17 所示，主机 A 要与主机 B 通信，典型的通信过程是：A 将要发送的数据传送给 C，C 以存储转发的方式接收数据，由它来决定通信子网中数据传输路径。由于源 A 与目的 B 之间无直接连接，数据可能要通过 C—F—G—H 达到 B。

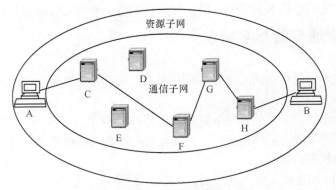

图 6-17　网络中两台计算机通信

1. 并行通信与串行通信

数据通信按照字节使用的通道数，可以分为并行通信和串行通信两种。

（1）并行通信

在数据通信中，将表示一个字符的 8 位二进制代码同时通过 8 条并行的通信信道发送出去，每次发送一个字符代码，这种工作方式成为并行通信，如图 6-18 所示。

（2）串行通信

在数据通信中，将表示一个字符的 8 位二进制代码按照由低位到高位的顺序，依次发送的方式传输称为串行通信，如图 6-19 所示。

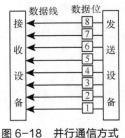

图 6-18　并行通信方式

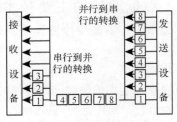

图 6-19　串行通信方式

采用串行通信方式只需要在收发双方之间建立一条通信信道，而并行通信方式收发双方之间必须建立并行的多条通信信道。对于远程通信来说，在同样传输速率的情况下，并行通信在单位时间内所传送的码元数是串行通信的 8 倍，但是由于需要建立多个通信信道，并行通信方式的造价较高。所以，在远程通信中，一般采用串行通信方式。

2. 单工、半双工与全双工通信

数据通信按照信号传送方向与实践的关系，可以分为三种。

（1）单工通信

在单工通信方式中，信号只能向一个方向传输，任何时候都不能改变信号的传输方向，如图 6-20 所示。只能向一个方向传送的通信信道，只能用于单工通信方式中，如无线广播。

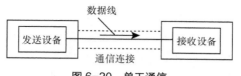

图 6-20　单工通信

（2）半双工通信

在半双工通信方式中，信号可以双向传送，但必须是交替进行，一个时间只能向一个方向传送，如图 6-21 所示。我们常见的对讲机就是半双工通信模式。

（3）全双工通信

在全双工通信方式中，信号可以同时双向传送，如图 6-22 所示。如电话是常见的全双工通信模式。

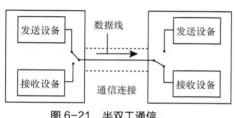

图 6-21　半双工通信

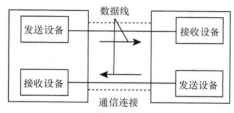

图 6-22　全双工通信

3.基带传输和频带传输

通信中的数据传输形式可以分为两种：基带传输和频带传输。

基带传输是按照数字信号原有的脉冲波形在信道上直接传输，不需要调制、解调，设备花费少，适用于较小范围的数据传输。

频带传输是一种采用调制、解调技术的传输形式。在发送端，对数字信号进行调制，将代表数据的二进制数 1 和 0 变换成具有一定频带范围的模拟信号；在接收端，通过解调手段进行相反变换，把模拟信号复原成 1 和 0。

4.数据传输中的差错控制

在数据通信中，进行差错控制的方法有两种：信息反馈和自动纠错。

信息反馈是在接收端发现错误后通过反馈信息要求发送端重新发送出现错误的信息。自动纠错则是在接收端发现错误后能自动纠正错误。纠错码一般包括信息字段和检验纠错字段两部分，常用的纠错码有海明检验码、循环冗余检验码等。

6.3.4　数据交换技术

随着网络的发展，数据从一台计算机传输到另一台计算机需要经过很多的交换设备，即中间节点。这些交换设备以某种方式互相连接成一个通信网络。数据从某个交换设备进入通信网络，通过从交换设备到交换设备的转接、交换被送达目的地。通常这种数据交换有三种交换技术，分别为电路交换、报文交换和分组交换。

1.电路交换

在电路交换中，数据传输时，源节点和目的节点之间有一条利用中间节点构成的专用物理链路，此链路一直保持到数据传输结束。

电路交换的优点是数据传输迅速可靠，且保持原有序列；缺点是一旦通信双方占有一条通道后，即使不传送数据，其他用户也不能使用，造成资源浪费。

电路交换适用于数据传输要求质量高，批量大的情况，典型的是电话通信网络。

2. 报文交换

在报文交换中，数据以报文为单位传输，报文长度不限且可变。数据传送过程采用"存储-转发"的方式，发送方在发送一个报文时，把目的地址附加在报文上，途径的节点根据报文上的地址信息，将报文转发到下一个节点，接力式完成整个传送过程。

在这个传送过程中，报文的传输只是占用两个节点之间的一段路线，而其他路线可传输其他用户的报文。报文交换的优点就是线路的利用率高，缺点在于不能够满足实时交互的通信要求。

3. 分组交换

在分组交换中，每个分组的长度有一个上限，一个较长的报文会被分割成若干份，每个分组中都包含数据和目的地址。分组交换的传输过程和报文交换类似，只是限制了每个分组的长度，减轻了节点的负担，从而改善了网络传输的性能。

6.4 Internet 基本技术

Internet 代表着当今计算机网络体系结构发展的重要方向，它已在世界范围内得到广泛普及和应用。人们可以使用 Internet 浏览信息、查找资料、购物、娱乐、交友，Internet 正迅速地改变着人们的工作方式和生活方式。

6.4.1 Internet 的概念

Internet 把全世界各个地方已有的各种网络，如计算机网络、数据通信网及公用电话交换网等互连起来，组成一个跨越国界范围的、庞大的互联网。从本质上讲，Internet 是一个开放的、互连的、遍及全世界的计算机网络系统，它遵从 TCP/IP，是一个使世界上不同类型的计算机能够交换各类数据的通信媒体，为人们打开了通往世界的信息大门。

Internet 的概念可以定义为：使用传输介质将各种类型的计算机联系在一起，并统一采用 TCP/IP 协议标准，实现互相连通、共享信息资源的计算机体系。

6.4.2 TCP/IP 参考模型

在 Internet 中的两台计算机之间传输数据，要保证数据传输到正确的目的地和保证数据迅速可靠传输。Internet 使用一种专门的计算机协议以保证数据能够安全、可靠地到达指定的目的地。这种协议分为两部分，即传输控制协议（Transfer Control Protocol，TCP）和网际协议（Internet Protocol，IP）。

TCP/IP 是用于计算机通信的一组协议，通常称为 TCP/IP 协议族。TCP/IP 采用了 4 层结构，从底层到顶层分别是网络接口层、网际层、传送层和应用层，如图 6-23 所示。

TCP/IP 各层的具体含义如下。

网络接口层：负责将网际层的 IP 数据包通过物理网络发送，或从物理网络接收数据帧，抽出 IP 数据包上交网际层。

图 6-23 TCP/IP 协议的分层

网际层：提供无链接的数据报传输服务，该层最主要的协议就是无链接的互联网协议 IP。

传送层：提供一个应用程序到另一个应用程序的通信，由面向链接的传输控制协议 TCP

和无链接的用户数据报协议 UDP 实现。TCP 提供了一种可靠的数据传输服务，具有流量控制、拥塞控制、按序递交等特点。UDP 是不可靠的，但其协议开销小，在流媒体系统中使用较多。

应用层：包括很多面向应用的协议，如文件传输协议 FTP、远程控制协议 Telnet、域名系统 DNS、超文本传输协议 HTTP 和简单邮件传输协议 SMTP 等。

TCP/IP 实际上是一个协议簇，它包含一百多个相互关联的协议。常用的有以下几个。

① DNS（Domain Name System，域名系统）：DNS 实现域名到 IP 地址之间的解析。

② FTP（File Transfer Protocol，文件传输协议）：FTP 实现主机之间相互交换文件的协议。

③ Telnet（Telecommunication Network，远程登录的虚拟终端协议）：Telnet 支持用户从本机通过远程登录程序向远程服务器登录和访问的协议。

④ HTTP（Hyper-Text Transfer Protocol，超文本传输协议）：HTPP 是在浏览器上查看 Web 服务器上超文本信息的协议。

⑤ SMTP（Simple Mail Transfer Protocol，简单邮件传输协议）：SMTP 用于服务器端电子邮件服务程序与客户机端电子邮件客户程序共同遵守和使用的协议，用于在 Internet 上发送电子邮件。

6.4.3　IP 地址

IP 地址是计算机在 Internet 中的网络地址，是指连入 Internet 的计算机的地址编号。在 Internet 网络中，IP 地址唯一标识一台计算机，就像我们每个人的手机都要有一个号码一样。

Internet 中的 IP 地址是一个 32 位的二进制地址，就是 4 个字节，分为 4 段，每段 8 位。为了方便使用，我们将每段中的二进制数转换为相应的十进制形式，每段数字的范围是 0~255，段与段之间用"."分割。这种表示方法被称为"点分十进制表示法"。例如，天津职业技术师范大学主页的网址就是：202.113.244.8。

6.4.4　域名系统

在 Internet 中，主机用 32 位的 IP 地址来唯一标识，用户可以直接通过 IP 地址访问主机，实现数据、信息的传送。但是，IP 地址非常难记忆，因此人们采用了一种新的方法来代替这些数字，即域名地址。一般的域名地址由一些具有一定意义的英文单词或字符组成，域名系统采用层次结构，用"."将各个层次分隔，如天津职业技术师范大学的域名就是 www.tute.edu.cn。

域名地址和对应的 IP 地址标识的是同一个主机，在访问某个站点的时候，用户可以输入这个站点的 IP 地址，也可以输入它的域名地址。当用户输入域名地址访问某个网站时，必须先将域名地址转换为 IP 地址。域名地址和 IP 地址的转换工作由一个被称为域名服务器（Domain Name System，DNS）的计算机完成。当用户输入一个域名地址后，域名服务器就会搜索其对应的 IP 地址，然后再利用 IP 地址访问该站点。在域名系统中，一个域名只能对应一个 IP 地址。

域名分为两类，一类称为"国际顶级域名"，如图 6-24 所示；另一类称为"地理顶级域名"，如图 6-25 所示。

com	商业机构
net	网络机构
edu	教育机构
gov	政府机构
int	国际机构
mil	军队
org	非营利组织

图 6-24　国际顶级域名

cn	中国
ca	加拿大
de	德国
fr	法国
uk	英国
us	美国
hk	中国香港地区

图 6-25　地理顶级域名

6.4.5　Internet 在我国的发展

Internet 在我国的发展历程可以分为 4 个阶段。

第一阶段是电子邮件的使用阶段（1986—1993）。这个阶段的网络应用仅限于小范围的电子邮件服务，而且仅为少数高等院校、研究机构提供电子邮件服务。1990 年 10 月我国注册登记了顶级域名 cn，并且开通了使用中国顶级域名 cn 的国际电子邮件服务。1992 年，中关村地区教育与科研示范网络（NCFC）工程的院校网（中科院院网，CASNET）建设完成，清华大学校园网、北京大学校园网完成建设。1993 年 8 月国家启动金桥工程。

第二阶段是教育科研应用阶段（1994—1996）。这个阶段我国已正式与 Internet 连接，并能够提供 Internet 的全部功能和服务，但主要是为教育和科研服务。1994 年，我国开通了 64kbit/s 国际专线，通过 TCP/IP 连接实现了与 Internet 全部功能的对接。从此，我国被国际上正式承认为接入 Internet 的国家。中国科学技术网（CSTNET）、中国教育和科研网（CERNET）、中国公用计算机网（CHINANET）和中国金桥信息网（CHINAGBN）等多个互联网项目在全国范围内相继启动，并在我国得到迅速发展。

第三阶段是商业应用阶段（1996—1997）。1996 年 1 月，中国公用计算机网的全国骨干网建成并正式开通，全国范围内的公用计算机互联网开始提供服务。中国公用计算机网作为商用网向社会公众提供 Internet 服务，标志着我国 Internet 的发展进入了商用阶段。1996 年，中国金桥信息网正式开通，同年，中国教育和科研网开通 2Mbit/s 国际专线，之后，中国公众多媒体通信网（169 网）全面启动，全国各地的互联网服务提供商（ISP）也迅速蓬勃兴起。

第四阶段是网络迅速发展阶段（1998 至今）。我国联网计算机总数、互联网用户数迅速增加。截至 2014 年 12 月，中国互联网络信息中心（CNNIC）统计的数据显示，中国网民规模达 6.49 亿，全年共计新增网民 3117 万人。互联网普及率为 47.9%，较 2013 年年底提升了 2.1 个百分点。截至 2014 年 12 月，中国手机网民规模达 5.57 亿，较 2013 年年底增加 5672 万人。网民中使用手机上网人群占比由 2013 年的 81.0%提升至 85.8%。

6.5　Internet 应用技术

Internet 提供的大部分服务是免费的。随着 Internet 商业化的发展趋势，它所能提供的服务将会进一步增多。

6.5.1　网络信息浏览

在 Internet 中通过采用 WWW 方式，几乎可以将所有的信息提供给用户。WWW（World Wide Web）又称万维网，是 Internet 上应用最广泛的一种信息发布及查询服务。WWW 以超文本的形式组织信息。

1. 超文本

用户通过浏览器浏览网页时，会发现一些带有下画线的文字、图形或者图片，当鼠标指针指向这一部分时，会变成手形，这部分称为超链接。当单机超链接时，浏览器就会显示出与该超链接相关的网页。这样的链接不但可以链接网页，还可以链接声音、动画、影片等其他类型的网络资源。具有超链接的文本就是超文本。超文本文档不同于普通文档，其最重要的特色是文档之间的链接，互相链接的文档可以在同一个主机上，也可以分布在网络上的不同主机上。

2. 主页

网站的第一个页面称为主页。WWW 是通过相关信息的指针链接起来的信息网络，由提供信息服务的 Web 服务器组成。在 Web 系统中，这些服务信息以超文本文档的形式，即网页形式存储在 Web 服务器上。每个 Web 服务器上都有一个主页，它把服务器上的信息分为几大类，通过主页上的链接来指向不同的网页。主页反映了服务器所提供的信息内容的层次结构，如果用户从主页开始浏览网页，可以完整地获得这一服务器提供的全部信息。

3. 统一资源定位器 URL

利用 WWW 获取信息时要标明资源所在地。在 WWW 中用 URL（Uniform Resource Locator）定义资源所在地。

URL 的格式是：

应用协议类型：//信息资源主机名/路径名/文件名

例如：地址 http://www.tute.edu.cn/info/1066/10121.htm，表示用 HTTP 协议访问主机名为 www.tutu.edu.cn 的一个路径在 info/1066/下的名为 10121 的 html 文件。

4. WWW 浏览器

WWW 浏览器是用来浏览 Internet 上的主页的客户端软件。WWW 浏览器为用户提供了寻找 Internet 上内容丰富、形式多样的信息资源的便捷途径。

浏览器的功能非常强大，利用它可以访问 Internet 上的各类信息。目前的浏览器都支持多媒体特性，可以通过浏览器来播放声音、动画和视频，使得 WWW 世界变得更加丰富多彩。

常见的浏览器有 Microsoft 公司的 IE 浏览器、火狐浏览器 foxfire 和 Netscape 公司的 Navigator 等。

6.5.2　电子邮件应用

电子邮件又称 E-mail，是 Internet 用户之间发送和接收信息的一种快捷、廉价的现代化通信手段。现代电子邮件系统不但可以传输各种格式的文本信息，还可以传输图像、声音、视频等多种信息。

在 Internet 上提供电子邮件服务的服务器称为邮件服务器。当用户在邮件服务器上申请邮箱时，邮件服务器会为这个用户分配一块存储区域，用于对该用户的信件进行处理，这块存储区域就称为邮箱。每个邮箱都有自己的地址，就是我们常说的 E-mail 地址，用户可以通过自己的 E-mail 地址访问邮件服务器，处理自己的邮件。而其他用户则可以根据 E-mail 地址给对方发送邮件。

E-mail 地址的格式是：用户名@服务器域名。如 zhangming@sina.com，其中 zhangming 就是用户名，而服务器域名则是 sina.com。

E-mail 的发送是通过简单邮件传输协议（SMTP）完成的。SMTP 完成用户在发送或中转信件时找到下一个目的地，通过收信人的邮箱地址，可以把电子邮件寄到收信人的邮件服务器上。E-mail 的接受是通过邮局协议（POP3）完成的，POP3 规定了如何将个人计算机连接到邮件服务器和下载电子邮件，它允许用户从邮件服务器上把邮件存储到本地主机，同时删除保存在邮件服务器上的邮件。

电子邮件的收发也可以通过软件完成，Foxmail 就是其中一款优秀的邮件客户端软件。Foxmail 是由华中科技大学张小龙开发，2005 年 3 月被腾讯收购。Foxmail 具备强大的反垃圾邮件功能，它使用多种技术对邮件进行判别，能够准确识别垃圾邮件与非垃圾邮件。

6.5.3　使用 FTP 进行文件传输

文件传输协议又称为 FTP（File Transfer Protocol）服务，它是 Internet 中最早提供的服务功能之一，目前仍在广泛使用中。

文件传输服务是由 FTP 应用程序提供的，而 FTP 应用程序遵循的是 TCP/IP 协议组中的文件传输协议 FTP，它允许用户将文件从一台计算机传输到另一台计算机上，并且能保证传输的可靠性。使用 FTP 传送的文件称为 FTP 文件，FTP 文件可以是任意类型的，如压缩文件、文档文件等。提供文件传输服务的服务器称为 FTP 服务器，为了保证在 FTP 服务器和用户计算机之间准确无误地传输文件，必须在双方分别装有 FTP 服务器软件和 FTP 客户软件。进行文件传输的用户计算机要运行 FTP 客户软件，并且使用登录 FTP 服务器的用户名和密码登录服务器，才可以登录到 FTP 服务器上。从 FTP 服务器上查找到文件并下载到本地计算机上，称为下载（download）文件；将本地计算机的文件发送到 FTP 服务器上，称为上传（upload）文件。

常见的 FTP 客户端软件有 CuteFTP、LeapFTP 和 FlashFXP 等，用户也可以直接使用浏览器访问 FTP 服务器。

6.5.4　其他 Internet 应用

1. 即时通信

即时通信是指能够即时发送和接受互联网消息的业务。自 1998 年问世以来，特别是近几年的迅速发展，即时通信的功能日渐丰富，逐步集成了电子邮件、博客、音乐、电视、游戏和搜索等多种功能。即时通信不再是单纯的聊天工具，它已经发展成为一个综合平台。

即时通信工具按照适用对象分为两类：一类是个人 IM，如 QQ、淘宝旺旺、飞信等，另一类是企业用 IM，简称 EIM，如 E 话通、UcSTAR 等。

2. 微博

微博，微型博客的简称，即一句话博客，是一种通过关注机制分享简短实时信息的广播式的社交网络平台。

微博是一个基于用户关系信息分享、传播及获取的平台。用户可以通过 WEB、WAP 等各种客户端组建个人社区，以 140 字（包括标点符号）的文字更新信息，并实现即时分享。微博的关注机制分为可单向、可双向两种。微博作为一种分享和交流平台，其更注重时效性和随意性。微博客更能表达出每时每刻的思想和最新动态，而博客则更偏重于梳理自己在一段时间内的所见、所闻、所感。

3. 电子商务

电子商务是指以信息网络技术为手段，以商品交换为中心的商务活动。也可理解为在互联网、企业内部网和增值网上以电子交易方式进行交易活动和相关服务的活动，是传统商业活动各环节的电子化、网络化、信息化。

电子商务通常是指在全球各地广泛的商业贸易活动中，在因特网开放的网络环境下，基于浏览器/服务器应用方式，买卖双方不谋面地进行各种商贸活动，实现消费者的网上购物、商户之间的网上交易和在线电子支付，以及各种商务活动、交易活动、金融活动和相关的综合服务活动的一种新型的商业运营模式。

本章习题

一、选择题

1. 在 TCP/IP 协议组中，简单邮件传输协议是指_____。

    A. HTTP   B. TELNET   C. FTP   D. SMTP

2. 下面不正确的电子邮箱地址是_____。

    A. wangxiaoming@163.com   B. lili@sohu.com

    C. liutong.sina.com.cn   D. zhang@tom.com

3. 目前校园内部通常使用的网络是_____。

    A. 局域网   B. 城域网   C. 广域网   D. 公众网

4. 当前世界上使用最多、覆盖面积最大的网络是_____。

    A. Intranet   B. Internet   C. ARPANET   D. MILNET

5. IE 软件是_____。

    A. 收发电子邮件的工具   B. 网页浏览器

    C. 一款系统软件   D. 数据库

6. 以下选项中_____不是 Internet 提供的服务。

    A. WWW   B. E-mail   C. IE   D. FTP

7. _____可以实现模拟信号和数字信号的相互转换。

    A. 集线器   B. 调制解调器   C. 路由器   D. 交换机

8. 局域网的英文简称是_____。

    A. LAN   B. WAN   C. MAN   D. VLAN

9. 国际顶级域名 edu 代表的是_____。

    A. 商业机构   B. 国际机构   C. 政府机构   D. 教育机构

10. 地理顶级域名中 cn 代表_____。

    A. 美国   B. 法国   C. 中国   D. 德国

11. Internet 网络中使用的基本网络互联协议是_____。

    A. TCP/IP   B. HTTP/FTP   C. SPX/IPX   D. POP3/SMTP

12. Internet 网络中 URL 是_____。

    A. Internet 网络上描述信息资源的字符串

    B. 客户机拥有的独立地址标识

    C. 网络中每一台拥有独立地址的域名标识

    D. 主计算机系统在 Internet 网络上的地址标识

13. 下列不属于 Internet 提供的服务是_____。

    A. 远程登录   B. 文件传输   C. 网上邻居   D. 电子邮件

14. 自 1994 年以来，我国相继建成了中国 Internet 四大主干网，其中 CSTNET 是_____

的简称。

    A. 中国公用计算机互联网   B. 中国教育和科研计算机网

    C. 中国科学技术网   D. 金桥信息网

15. 局域网常用设备不包括_____。

    A. 网卡（NIC）   B. 集线器（Hub）

    C. 交换机（Switch）   D. 显示卡（VGA）

16. 分布范围小，投资少，配置简单是下列_____的特点。

    A. 局域网   B. 城域网   C. 广域网   D. 互联网

17. 当局域网中任何一个节点发生故障时，都有可能导致整个网络停止工作，这种拓扑结构的网络称为_____拓扑结构。

    A. 星状   B. 树状   C. 总线型   D. 环状

18. 万维网是 Internet 的一个重要资源，它为全世界 Internet 用户提供了一种获取信息、共享资源的全新途径，它的英文简写是_____。

    A. WWW   B. FTP   C. E-mail   D. BBS

二、填空题

1. TCP/IP 参考模型包括应用层、传送层、_____、网络接口层。

2. 局域网使用的传输介质有双绞线，_____和同轴电缆。

3. 局域网的拓扑结构主要有_____拓扑结构、总线型拓扑结构、星状拓扑结构和树状拓扑结构。

4. 根据网络的传输介质，可以将计算机网络分为有线网和_____。

5. 在 Internet 提供的服务中，文件传输协议的英文简写是_____，它提供应用级的文件传输服务。

6. 计算机网络的两个基本功能是_____和资源共享。

7. 现有的数据交换技术分为电路交换、_____和分组交换。

8. 数据传输速率是指单位时间内传输的数据量，通常用比特率来表示，其单位为_____。

9. 对讲机使用的是_____数据通信模式。

10. 在计算机网络中，_____地址可以唯一标识一台计算机。

三、名词解释

1. 计算机网络

2. 万维网

3. 电子邮件

四、简答题

1. 简述计算机网络的两级子网的功能及组成。

2. 请写出衡量数据通信质量的主要技术指标，并具体说明。

3. 简述局域网各类拓扑结构的优缺点并绘制拓扑结构图。

PART 7

第7章
多媒体技术的应用

多媒体技术是一门跨学科的高新技术，多媒体技术涉及数字信号处理技术、音频技术、视频技术、动画技术、计算机软件技术、计算机硬件技术、计算机网络技术、计算机通信技术、人工智能技术、机器学习技术等多个学科。多媒体技术的发展促进了多媒体产品的更新换代，使得多媒体计算机不仅可以综合处理图形、图像、动画、声音、视频、文字等，还能进行多媒体的交互控制。多媒体技术极大地改进了人机交互方式，为人们的娱乐、生活、工作带来了极大便利。目前，多媒体技术已经广泛地应用于多个行业，实现视频会议、远程教育、游戏娱乐等多种功能。

7.1 多媒体技术概述

多媒体技术是 20 世纪 80 年代兴起并获得快速发展的一门技术，它综合了多种媒体，使得人们能够更加方便快捷地处理信息、使用信息。多媒体技术改变了人们处理信息的方式、颠覆了人们使用计算机的方式，计算机从而以新的面貌走进人们的娱乐、生活、工作当中。多媒体技术对人类的生产、生活、娱乐的方式带来了深刻的变化和长远的影响。

7.1.1 多媒体技术的概念

多媒体是由英文"multimedia"翻译而来，该词中"multi"是拉丁语前缀，意思是"许多"，"media"的意思就是"媒体、媒介、方法"。从字面上看，多媒体就是"多种媒体""多种媒介"的含义。一般意义上的多媒体，是指和计算机结合的产物。其他领域的事物，例如电影、电视等，不是一般意义上的多媒体。

多媒体是指将以自然形式存在的各种媒体数字化后利用计算机对数字信息进行加工处理从而呈现给用户。多媒体技术能够将人类的眼睛、耳朵、肢体、手指调动起来，并将这些信息传递给大脑进行处理。

1. 媒体

媒体是指信息传递和存储的最基本手段、工具和技术。传统的媒体包括杂志、广播、电视、电影等。而在计算机发展的早期，媒体一般是指存储信息的实体介质，例如：光盘、磁盘、磁带、纸张等；用于传播信息的电缆、无线波等则被称为"媒介"。多媒体概念中的媒体一般是指文字、声音、图像、图形、视频等传递信息的载体。

国际电信联盟建议将媒体划分为 5 大类，具体包含：感觉媒体、表示媒体、存储媒体、传输媒体。

2.多媒体

多媒体一般是指多种媒体的集成，主要包括文本、超文本、图形、图像、音频、视频、动画等多种信息载体。

3.多媒体技术

多媒体技术是指利用计算机及相应的多媒体设备，采用数字化处理技术，将文本、超文本、图形、图像、音频、视频等多种媒体进行有机结合后进行处理的一种技术。多媒体技术以计算机为基础，综合了计算机软硬件技术、图像处理技术、音频处理技术、视频处理技术、人工智能技术、模式识别技术等多种技术，是一门跨学科的综合性技术。

例如，音频的处理已经取得了很大进步。目前，天津市语言文字工作委员会组织的普通话考试即采用科大讯飞的普通话考试系统来完成。采用该系统在很短的时间内即可轻松完成对大量考生的测试，而如果采用传统的人工评测系统，则需要调用大量的人力、物力、财力，耗费的大量的时间、精力、经济成本，同时由于人的主观因素，还很难保证评测结果的客观性。2012年，微软在南开大学举办的"自然而然——二十一世纪的计算"大型国际学术研讨会上展示了其同声传译效果。该项技术的现场演示效果良好，能够较好地将英语翻译成汉语。同时，也能将英语演讲翻译成汉字实时显示在投影仪上。

多媒体技术具有集成性、交互性、实时性、数字化等特征。

7.1.2　多媒体技术的发展

多媒体技术的发展是社会需求发展的结果，是社会不断推动的结果，是计算机硬件、软件技术不断成熟发展进步的结果，更是多个学科进步的结果，其体现着人类智慧不断前进发展、取得进步的历程。

多媒体技术兴起于20世纪80年代，并不断地为人们工作、生活、娱乐提供更便捷的方式。进入21世纪，多媒体技术取得了较大的进步，为人们生活的各个方面带来了深刻的变革和影响。近年来，多媒体技术已经不再是传统的单纯结合计算机软件技术与硬件技术的结果，而是发展到了结合更多的学科，包括人工智能、心理学、教育学、艺术、社会科学等各个学科，涉及的学科越来越多，已经发展为跨学科的综合性技术。

在多媒体的发展过程中，有一些标志性的事件，下面做一个简单介绍。

1.1980年代

1984年，苹果公司推出的计算机为了改善人机交互界面，创造性地使用了图像窗口界面，并引入了鼠标配合图形界面交互操作，为人们与计算机之间的交流提供了极大方便。

1985年，微软公司推出了其窗口操作系统。

1986年，荷兰的飞利浦公司和日本的索尼公司共同推出了交互式激光盘系统标准，该标准使得多媒体信息的存储和交互标准化。

1987年，美国无线电公司推出了交互视频系统（Digital Video Interface，DVI），该标准制定的是交互式视频技术标准化。

2.1990年代

1990年，美国的微软公司和荷兰的飞利浦公司等共计14家厂商成立了多媒体市场委员会，该委员会的主要任务是对计算机多媒体技术进行规范化管理，并制定相应的标准，该委员会制定了多媒体个人计算机标准（Multimedia Personal Computer，MPC）。该委员会在1991年后相继推出了MPC系列的多个升级版本，随着计算机的发展，多媒体功能已经成为个人计算机的基本功能，MPC 停止了更新。

1992 年，"运动图像专家组"正式公布 MPEG-1 标准。在 1993 年后，该专家组对 MPEG 进行了持续更新。

1995 年，微软公司开发的窗口操作系统 Windows 95 问世。用户操作多媒体计算机变得更加简单方便，操作系统的功能也更为强大。在 1998 年后，微软陆续推出了多个升级版本的操作系统，目前（2015 年 4 月）最新的操作系统版本是 Windows 10。

1996 年，Intel 公司将多媒体扩展（MultiMedia Extension，MMX）技术加到微处理芯片 Pentium Pro 中。

3. 21 世纪头 10 年

2002 年 2 月，索尼、飞利浦、松下等公司联合发布的大容量光盘存储器标准 BD（Blu-ray Disc）。（注：因为 Blue-ray Disc 不能申请商标，故省略了 blue 中的字母 e。）

2004 年，苹果公司召集了 1000 多名内部员工组成研发 iPhone 团队。2007 年 1 月 9 日，乔布斯在旧金山马士孔尼会展中心的苹果公司全球软件开发者年会 2007 中透露推出第一代 iPhone。2000 年代开始，苹果公司的产品线开始包括台式计算机、笔记本计算机、平板计算机、电视、手表、音乐播放器等。

2008 年，科大讯飞在深圳证券交易所挂牌上市。科大讯飞股份有限公司是一家专业从事智能语音及语言技术、人工智能技术研究，软件及芯片产品开发，语音信息服务及电子政务系统集成的企业。

2008 年，随着原先支持 HD DVD 的华纳公司宣布脱离 HD DVD，以及美国数家连锁卖场决定支持蓝光产品，东芝公司终在 2 月 19 日正式宣布将终止 HD DVD 事业，这场持续了数年的规格之争，最终以蓝光的胜利而告终。

4. 2010 年代

2012 年 4 月 4 日，谷歌宣布该公司开发拓展 "Project Glass" 项目。由于成本过高、侵犯隐私、缺少应用等一系列原因，谷歌曾一度在 2015 年初表示将停止该项目。但在 2015 年 3 月 23 日，谷歌执行董事长埃里克·施密特表示，"谷歌会继续开发谷歌眼镜，因为这项技术太重要了，以至于无法放弃"。

2012 年 5 月 8 日，在美国内华达州允许无人驾驶汽车上路 3 个月后，机动车驾驶管理处（Department of Motor Vehicles）为 Google 的无人驾驶汽车颁发了一张合法车牌。为了让其看起来更加醒目，无人驾驶汽车的车牌用的是红色。

2014 年 9 月 9 日，苹果 2014 年秋季新品发布会在总部所在地——加州库比蒂诺当地的 Flint 表演艺术中心举行，会上苹果 CEO 宣布发布全新的产品：苹果手表（Apple Watch）。

7.1.3 多媒体技术的应用

多媒体技术的应用十分广泛，近年来随着嵌入式的发展，互联网的兴起，多媒体技术已经渗透到生产、生活的各个领域内。

1. 教育

计算机辅助教学（Computer-Assisted Instruction 或 Computer Aided Instruction，CAI）是多媒体技术在教育领域中应用的典型范例。计算机辅助教学丰富了教学手段，极大地提高了学生的积极性。教师能够实现教育的个别化和差异化教学，按照学生的不同实现分层次教学，增强实时互动。计算机辅助教学把传统的以教师为中心转变为了以学生为中心，极大地增强了学生的主观能动性。

除了传统的教学领域，多媒体技术更能够应用在婴幼儿教育、大众化教育、技能培训等领域。

2. 过程模拟

多媒体技术可以很好地模拟化学反应、天气变化、生物进化等自然现象，也可以模仿机械加工等生产过程。人们可以在计算机上更加轻松、形象地了解自然现象，学习生产加工过程。

3. 旅游业

电子地图能够准确地显示每一条街道，谷歌地球更是能够形象地显示位置信息。地图的导航功能，能够代替向导让人们在陌生的城市顺利地去任何想去的地方。

很多景点做了景点的虚拟现实介绍，人们能够在计算机上身临其境地体验景点的景观。在虚拟现实场景内，人们不仅能够看到景点的景观图像，还能同步接受介绍信息、解说信息。

4. 商业咨询

商业咨询领域内，多媒体能够广泛地应用到商场导购、网络购物、辅助设计、信息咨询服务系统等方面，为商业活动提供方便。

5. 图像识别

通过光学字符识别（Optical Character Recognition，OCR）系统，计算机能够识别图形、表格、文字等信息，并将其分门别类存储，并在需要的时候进行检索。基于内容的图像识别系统能够根据当前图像检索出与其类似的图像，例如在淘宝网上的以图搜图，就能根据一个图片找到与其类似的商品。

6. 语音识别

语音识别能够识别人的语言，并将其转换为数字信息进行处理。例如，百度的语音识别功能能够识别用户输入的语音信息，并根据该信息返回其对应的检索结果。

7. 医疗领域

在医疗领域内，医务人员能够通过多媒体设备获取患者更详尽的细节信息，从而提高医疗效率和质量；由众多患者的医疗数据构成的大数据系统，能够为医务工作者的学习、工作提供更直接的帮助；远程医疗系统能够为偏远地区提供更多的医疗服务，改善当地医疗质量。例如，乳腺癌的发病疑似检查一直以来都是靠穿刺，这种方式对患者来说很痛苦，其准确性也不是非常高。在过去，完全依靠医生个人积累的经验，因此，最勤劳的医生，一辈子也就见过上万个病例。这样，即使最丰富的医生做诊断，也跟他的耐心、经验有很大关系，也许医生昨天晚上跟爱人吵了一架，第二天的诊断就受到情绪影响。基于多媒体技术，有个美国的高中生，写了一个程序，统计了上百万份数据，可以直接通过 CT 做出高达 98% 准确率的诊断。她处理的上百万份数据对于计算机来说并不是很大，可是对于医疗从业者来说，已经太大了。（该项成果获得了 2012 年 Google 科技竞赛第一名。）

8. 可视化

数据可视化能够将抽象的数字以更为形象的方式展示出来。例如，根据某地区的交通流量数据能够即时将交通状况展示在该地区的地图上。在地理信息系统内，数据可视应用更为普遍。

7.2　多媒体计算机系统

多媒体计算机是根据多媒体市场委员会制定的标准而来。该委员会制定了多个 MPC 标准，随着计算机的发展，现在的普通计算机都已经符合 MPC 的标准。

7.2.1　多媒体计算机的系统结构

可以将多媒体计算机系统划分为 5 层，见表 7-1。

表 7-1　多媒体计算机系统结构

第 5 层	多媒体应用软件
第 4 层	多媒体开发工具
第 3 层	多媒体操作系统
第 2 层	多媒体驱动程序
第 1 层	多媒体硬件系统

第 1 层是最底层，它是多媒体的硬件构成。硬件系统是计算机的构成基础，没有硬件系统多媒体计算机就无法工作。

第 2 层是多媒体驱动程序。它用来控制和管理各种硬件，该层完成设备的初始化、设备的启动和停滞，以及和设备相关的其他操作。

第 3 层是多媒体操作系统。多媒体操作系统分为专用型和通用型。专用型是专门为多媒体计算机而开发的操作系统，例如，飞利浦公司和索尼公司为 CD-I 多媒体系统开发的 CD-RTOS 操作系统。通用型操作系统，是随着计算机发展而出现的通用型操作系统，例如苹果公司的 Mac OS 操作系统、微软公司的 Windows 操作系统。

第 4 层是多媒体开发工具，是用于开发多媒体应用的工具软件。工具软件种类众多，开发人员可以根据需要选择适合自己的开发工具。例如 Photoshop、Sony Vegas、Premiere 等。

第 5 层是多媒体应用软件，这类应用面向普通用户，包括各种图像浏览器，视频播放器等，例如 ACDSee 软件，暴风影音等。

7.2.2　多媒体计算机硬件系统

多媒体的硬件系统与普通的个人计算机没有太大差别，主要包括运算器、控制器、存储器、输入设备、输出设备等。为了满足多媒体技术中信息处理、存储、显示、传输等方面的需求，对多媒体计算机的中央处理器（CPU）、内存储器等性能有更高的要求。下面简要介绍多媒体计算机的常用硬件设备。

1. 存储设备

服务器存储中，小型计算机系统接口（Small Computer System Interface，SCSI）技术、磁盘阵列（Redundant Array of Inexpensive Disks）技术是当前直接连接存储设备的主流。网络存储系统可以使用存储区域网络 SAN（Storage Area Network）系统、联网存储 NAS（Network-Attached Storage）系统。存储虚拟化能够将实际的存储实体和存储的逻辑表示分离开来。

在个人计算机中，采用的存储设备主要有内存、硬盘、光存储设备、移动存储设备、存储卡等。

2.接口设备

接口设备主要包括声卡、显卡、视频采集卡等设备。

声卡又叫音频卡，是多媒体计算机的重要组件。声音信号的输入一般都是模拟信号，而计算机内处理的声音信号都是数字信号，声卡的作用之一就是完成数字信号和模拟信号的转换。声卡的性能指标有采样频率、采样位数等。

显卡又称显示器适配卡，是连接主机与显示器的接口卡。它的主要任务是将计算机内的信息转换为字符、图形等信息传递到显示器上进行显示。

视频采集卡完成将视频信号采集到计算机中，可以进一步细分为视频捕捉卡、视频处理卡、视频播放卡等。

3.输入/输出设备

输入/输出设备主要包括扫描仪、数码相机、数码摄像机、投影仪、摄像头、触摸屏、打印机、手柄等相关设备。

7.2.3　多媒体计算机软件系统

多媒体软件系统主要包括多媒体驱动程序、多媒体操作系统、多媒体开发工具、多媒体应用软件等。

1.多媒体驱动程序

多媒体驱动程序是多媒体计算机系统中直接与硬件交流的软件。驱动程序完成设备的初始化工作，并控制硬件设备的具体操作。不同的多媒体硬件设备对应不同的驱动程序，当安装完成对应的驱动程序后，才能够更好地发挥作用。在大部分操作系统内，都自带了大量的驱动设备，能够自动完成硬件设备的安装工作。第一次使用某个硬件设备时，如果发现该硬件不能正常工作，则可以尝试更新其驱动程序。

2.多媒体操作系统

多媒体操作系统除了具有通用操作系统的基本功能外，主要用于支持多媒体的输入/输出及相应的软件接口。它具有实时任务调度、多媒体数据转换和同步控制、对仪器设备的驱动及图形用户界面的管理等功能。

3.多媒体开发工具

多媒体开发工具主要是针对各类媒体的编辑、制作工具。

4.多媒体应用软件

多媒体应用软件面向普通用户。有些软件既是开发工具同时也是应用软件，主要应用软件见表7-2。

表7-2　多媒体应用软件

多媒体元素	典型产品
文本	Word、记事本、WPS、Acrobat
超文本	IE、Chrome、Firefox、Opera
音频	Winamp、网易云音乐
视频	暴风影音、Windows Media Player
图形	AutoCAD、ACDSee

多媒体元素	典型产品
图像	ACDSee、美图秀秀
动画	Flash Player

7.2.4 多媒体应用系统设计

多媒体应用系统也被称为多媒体作品，其设计通常包含以下几个步骤。

1. 需求分析

需求分析是了解清楚多媒体应用系统的设计目的、制作要求等内容。简单地说，就是应用系统要实现怎样的效果，需求分析阶段的任务是确定软件系统功能。需求分析主要包含问题分析、需求描述、需求评审三个阶段。

2. 脚本设计

脚本设计是多媒体创作的核心，在多媒体应用系统设计前需要先写好脚本。脚本详细讲述应用系统的思想、内容、目的等内容。多媒体应用系统设计的直接依据就是脚本，整个设计过程围绕着脚本设计展开。

3. 素材加工与媒体制作

素材加工与媒体制作阶段主要完成录入文字、扫描图片、制作图片、录音、编辑音频、解说制作、背景音乐制作、摄像、摄影、非线性编辑、动画制作等过程。该过程需要严格按照脚本设计完成。

4. 系统集成与调试

系统集成与调试阶段使用高级语言或其他多媒体系统制作工具完成多媒体的连接、组合、合成等工作。完成在系统内增加各种控制功能、交互功能、界面优化等工作。系统设计完成后要进行测试，发现潜在错误并改正，以保证系统的正确性和功能的完备性。

5. 作品包装

作品包装过程通常包括确认文件完整性、文件打包、制作光盘、设计包装、编写说明书、印刷说明书等过程。

7.3 多媒体信息处理

7.3.1 图像处理

图像是人类感知外部世界得到的重要媒体，图像包含的信息量极大，一幅简单的图像甚至很难用一千字将其准确而完整地描述出来。数字图像处理就是利用计算机技术处理数字图像。数字图像可以通过拍摄、视频截图、屏幕截图、软件制图、硬件制图、网络获取、扫描等方式得到。

1. 基本概念

（1）分辨率

像素是组成数字图像的最小单位，数字位图是由像素所构成的，因此位图中单位面积上的像素个数越多，图像就会越清晰。

分辨率可以划分为图像分辨率、显示分辨率、打印分辨率等。图像分辨率是指构成数字图像上的全部像素的个数；显示分辨率是显示设备能够显示的像素数目；打印分辨率是每英寸上像素的个数。

（2）图像深度

图像深度即颜色深度，是指记录每个像素所使用的二进制位数。通常有单色图像、256色图像、24位位图等。

单色图像，也称为黑白图像。图像中的每一个像素点使用一位二进制表示，其值只能是0或者1，该类图像是由0和1所组成的一个矩阵表示。图像中，当一个像素点的值为0时，该点为黑色；当一个像素点的值为1时，该点是白色。

256色图像，也称为灰度图像。该图像中的每一个像素点使用8位二进制表示，该点像素值范围是0～255。因此，该类图像中每个像素点可以有256种可能的值，该数值越高，相应的像素点越亮。

24位位图，也称为真彩色图像，用24位二进制表示一个像素点。图像中每个像素点都使用红、绿、蓝三个色彩分量表示，每个色彩分量都是用8位二进制描述的。每个像素点可以有 2^{24}（16777216）种颜色。

2. 色彩与颜色模型

（1）三要素

彩色空间应该能够方便地将颜色自然分解为3个基本的视觉特征，即三要素：色调（Hue）、亮度（Value）、饱和度（Saturation）。

色调又称色相，是指光的颜色，改变光的色谱成分，就会引起色调的变换。亮度，是指颜色的明亮程度，与照射光的强度有关。饱和度是指颜色的深浅程度，例如深红、淡红等。色调和饱和度又称为色度（Chrominance），它既表示色光的颜色类别，又能表示颜色的深浅程度。

（2）三基色

对于彩色图像，每个像素由3个基本分量——红（R）、绿（G）、蓝（B）表示，任何一种颜色均可以由R、G、B三基色的不同取值混合而成。RGB三种颜色混合得到的色彩范围最广，而且这三种色光相互独立，其中任意一种色光不能由另外两种色光组合而成。

（3）色彩空间

较常见的色彩空间有RGB、YCbCr、CMYK、HSV等。一幅图像，可以通过公式，在不同的色彩空间之间进行转换。

在RGB色彩空间中，通过三个数字表示彩色图像中的一个采样点，按一定比例混合红色、绿色、蓝色就能够得到任何一种颜色。RGB色彩空间适合彩色图像的显示。显示器、扫描仪、数码相机等电子设备均采用RGB色彩空间作为其描述语言。RGB色彩空间可以有 2^{24}（16777216）种颜色，当RGB的值都是最大值（255）时，该点像素值为白色。

在人眼视觉系统（Human Visual System，HVS）内对于颜色敏感性通常低于对于亮度的敏感性。RGB仅仅区分了色彩，为了更适合人眼视觉系统，YCbCr引入了亮度分量。

CMYK是一种减光模型，它是四色处理打印的基础。这四色是青（Cyan）、洋红（Magenta）、黄（Yellow）、黑（Black），其中青色是红色的互补色。

HSV，也被称为HSB，是基于人眼对颜色的感觉，将颜色看作是色调、亮度、饱和度组成，为将自然颜色转换为计算机创建颜色提供了更符合直觉的方法。

3. 常见图像类型

（1）BMP

位图文件（Bitmap-File，BMP）格式是 Windows 采用的图像存储格式，在 Windows 下运行的所有图像处理软件均支持该格式。在 Windows3.0 之前，BMP 位图文件格式与显示设备相关，在 Windows3.0 之后 BMP 与显示设备不再相关，因此，又被称为设备无关图。

（2）GIF

GIF（Graphic Interchange Format）是 CompuServe 公司开发的图像文件格式。GIF 以数据块为单位来存储相关信息，采用 LZW（Lempel-Ziv-Welch）压缩算法压缩图像数据。此外，GIF 格式可以在一个文件中存放多幅彩色图像，并将其以幻灯片的形式展示。

（3）JPEG

JPEG（Joint Photographic Experts Group）是由 ISO 和 IEC 联合组成的专家组，负责制定静态图像的数字图像压缩标准，其读法为"jay-peg"。采用该标准压缩的图像大多采用 JPEG 或者 JPG 为扩展名。JPEG 使用离散余弦变换（Discrete Cosine Transform，DCT）为基础的有损压缩或者预测技术为基础的无损压缩。在有损压缩时，其压缩比例可达 25 倍，而且肉眼很难分辨压缩前后的图像间的区别。JPEG 2000 改用小波变换作为编码方式，其压缩比 JPEG 高出 30%，并且支持渐进传输。在网速较慢时浏览网页，JPEG 图像首先看到的是图片轮廓，而不是图像的上半部分。

（4）PNG

PNG（Portable Network Graphic Format）出现是为了替代 GIF 和 TIFF 格式。PNG 也被理解为"PNG's Not GIF"，是位图文件格式，读作"ping"。JPEG 保留了 GIF 文件的特性，同时增加了很多 GIF 所没有的特性。

（5）PSD

PSD（Photoshop Document）是 Photoshop 专用格式。该格式的图片内保留了在 Photoshop 操作过程所有的操作过程信息，当下一次在 Photoshop 内打开该格式的图片时能够对上一次的操作过程进行修改。

4. 图像数字化

图像的数字化包含采样、量化、编码三个步骤。

采样是将模拟图像在空间平面上划分为网格，将每个网格作为数字图像的一个像素点。因此，单位面积上网格个数越多，图像的细节信息就越能完整地保留，但也需要更多的存储空间。

量化是将当前取得的网格各个点进行计算，得到一个数值，将该值作为数字图像的像素值。量化时，如果只将网格点的值处理为两类：黑色和白色，则仅仅需要一位就能保留该信息，此时就得到一幅黑白图像；如果将网格点的像素值划分为 256 级，即用 8 位二进制保存，此时就得到一个灰度图像；如果将该网格点的像素值划分为更多等级，使用二进制的 24 位保留，则可以将其处理为彩色图像。

编码一般指将其进行压缩编码等处理过程。

5. 工具软件

图像处理工具数量众多，常用的图像浏览器有：ACDSee、Picasa 等；常用的图像处理工具有 Photoshop、光影魔术手、美图秀秀等；常用的截屏工具有 PicPick、Snagit 等。

7.3.2 音频处理

1.声音的基本参数

描述声音特征的有声波的振幅、周期和频率。由于周期和频率互为倒数，因此通常只用振幅和频率作为声音的基本参数。

（1）振幅

振幅是振动体所振动的幅度，决定了声波的高低幅度，表现为声音信号的强弱程度。

（2）频率与周期

频率是指振动体每秒钟所振动的次数，其单位是赫兹（Hz）。周期是振动体振动一次所需要的时间，用符号 T 表示，单位是秒（s）。

（3）声音的频率范围

频率在 20～20000Hz 范围内的声音，可以被人耳听到。频率超过 20000Hz 的称作超声波，频率低于 20Hz 的称为次声波。人的发音器官所发出的声音频率是 80～3400Hz，正常人说话的频率范围一般是 300～3000Hz 之间，通常这个范围的声音称为语音。

声音的 3 个要素音调、音强、音色分别与声波的频率、振幅、波形相关。

2.声音的数字化

把在时间和幅度上都是连续的信号称为模拟信号，把时间和幅度都用离散数字表示的信号称为数字信号。自然界的声音是模拟的，计算机处理的信息是数字的，因此，在声音进入计算机时要首先进行数字化处理。数字化处理包含：采样、量化、编码。

（1）采样

采样过程是指每隔一个时间在模拟声音波形上取一个幅度值。奈奎斯特理论（Nyquist Theory）指出，采样频率不应低于声音信号最高频率的两倍，这样就能以数字形式还原原来的声音，这叫作无损数字化。

（2）量化

在数字音频中，量化是指把采样得到的表示声音强弱的模拟电压用数字表示。量化位数（也称为量化精度、量化级等、采样精度）是每个采样点能够表示的数据范围，常用的有 8 位、12 位、16 位、20 位、24 位等。

（3）编码

音频模拟信号经过采样和量化后，把量化的值转换为二进制数存储，这个过程称为编码。衡量编码方法的性能有两个主要指标：码流速率和量化噪声。

影响声音质量的主要因素有采样频率、量化位数、声道数。声道数是指支持能不同发声的音响的个数，它是衡量音响设备的重要指标之一。

3.声音的常见格式

（1）CD 格式

CD 格式的音频文件扩展名为.cda。标准 CD 格式的采样频率为 44.1kHz，量化位数为 16bit，速率为 176KB/s。CD 音轨是近似无损的，因此它的声音基本保真度高。.cda 文件只是一个索引信息，并不是真正的包含声音信息。在计算机上打开文件，可以看到的.cda 文件都是 44B，这是 CD 的音轨文件。CD 格式的.cda 文件无法直接复制在硬盘上播放，需要使用音频抓轨软件进行格式转换后才能播放。

（2）波形文件（WAV）

波形文件是 Windows 所使用的标准的数字音频文件，记录了对实际声音的采样数据。波形文件具有声音层次丰富、还原性好、表现力强、音质佳等特点。在适当的条件下，波形文件能够重现各种声音，包括不规则的噪声、CD 音质的音乐、单声道或立体声。波形文件的缺点是占用空间太大。

（3）MPEG 音频文件（MP1/MP2/MP3）

MPEG（Moving Picture Experts Group，运动图像专家组）音频文件根据压缩质量和编码程度可以划分为 MP1、MP2、MP3 这三种声音文件。MP3 的压缩比率达到 10 倍以上，而音质还能接近 CD 音质，是目前 Internet 上主要的音乐文件格式。

（4）Windows Media Audio 文件（WMA）

WMA 是微软公司开发的流式音频文件格式，与 MP3 相比，WMA 的压缩比率更大，同时兼顾保真和网络传输需求。据微软报告，WMA 所占空间仅为 MP3 的三分之一。在 64Kbit/s 的传递速率下可以得到与 CD 相同品质的音乐。

（5）Real Media 格式

Real Media 是随着因特网的发展而出现，它以牺牲音质来保证低带宽下的播放速度。Real Media 的压缩比率极大，所以其占用的带宽比 MP3 等要少得多。Real Media 主要用来在线聆听，并不能编辑，能够对其处理的软件也不多。

（6）MIDI

MIDI（Musical Instrument Digital Interface，电子乐器数字接口）是在音乐合成器、乐器、计算机之间交换音乐信息的一种标准协议。该协议包括：硬件标准接口、软件标准接口、传输通信协议、乐器分类标准等内容。MIDI 不直接处理声音，它处理的对象是音调和音乐强度的数据，音量，颤音和相位等参数的控制信号，以及设置节奏的时钟信号。MIDI 本质上是指令编码的集合，类似于传统的纸质乐谱，它比数字波形等其他方式的文件要小得多，它大大节省了存储空间，可以用很少的空间存储大量的高质量音频信息。

4. 智能语音处理技术

智能语音技术包括语音识别技术和语音合成技术。

语音识别技术是让计算机把语音信号转换为相应的文本信息或命令的技术。语音识别技术开始于 20 世纪 50 年代，当时的贝尔实验室推出了第一个可以识别 10 个英文数字的语音识别系统——Audrey 系统。20 世纪 70 年代之前，科学家把语音识别问题当成人工智能和模式匹配问题。贾里尼克（Frederek Jelinek）第一个把它作为通信问题进行处理，他使用隐含马尔科夫模型（声学模型和语音模型）处理语音识别问题。20 世纪 70 年代，贾里尼克领导的团队使用该方法将语音识别的错误率相比人工智能和模式匹配降低了 2/3（从 30%到 20%）。20 世纪 80 年代，李开复博士使用隐含马尔科夫模型成功开发了语音识别系统 Sphinx。隐含马尔科夫模型如此好用，以至于被广泛地应用于机器翻译、拼写纠错、手写字体识别、图像处理、基因序列分析等诸多领域，甚至被用于股票预测和投资，并取得了非常不错的成绩。进入 21 世纪，谷歌、百度均推出了语音检索功能，苹果推出了 Siri。基于大数据技术，语音识别水平得到了进一步的提升。

语音合成是将文字信息，按照语音处理规则转换为语音信号输出。语音合成能够广泛地应用在嵌入式设备（如手机导航、车载导航仪等）、语音播报、呼叫中心、人机对话等方面。国内的科大讯飞、捷通华声在该领域内处于领先地位。

5. 音频处理软件

音频播放软件众多，常见的有 Adobe Audition、GoldWave、Sound Forge 等。

7.3.3　视频处理

1. 视频基本概念

视频是随时间动态变化的一组图像，一般由连续拍摄的一系列静止图像组成，一幅图像在视频中叫作一帧，帧是视频的最小单位。按照信号的组成与存储方式的不同，可以将视频划分为模拟视频和数字视频。

模拟视频是一种用于传输图像和声音，并且随着时间连续变化的电信号。这些表示声音和视频的电信号称为模拟信号，是由连续的、不断变化的波形组成，信号的数值在一定的范围内变化。传统的模拟信号都是以模拟方式进行存储和传输，经过多次复制后信号会失真，视频的质量会逐渐降低，而且模拟视频信号在传输过程中容易受到干扰。以前的电视信号就是典型的模拟视频信号。模拟视频不适用于网络传输，不便于分类和检索。

数字视频是由随时间变化的一系列数字化的图像序列组成的。数字视频可以无限次数的复制而不失真，在传输过程中不容易受到干扰，没有距离的限制，不会因为距离而产生信号衰减。数字视频可以进行非线性编辑，实现很多传统剪辑手段无法实现的特效。

目前逐步推出了数字视频有线网络，但是部分电视机还是仅支持模拟视频格式，这就需要在数字视频和模拟接收设备之间配备一个转换装置，通常将该装置称作"机顶盒"。

2. 视频数字化

计算机能够处理视频信息，就必须将来自于电视机、模拟摄像机、录像机、影碟机等设备的模拟信号转换为计算机能够处理的数字信号。数字化的过程包括：采样、量化、编码。

采样是把时间上连续的模拟信号变成离散的有限个样值的信号。量化是进行幅度上的离散化处理。在时间轴上任意一点进行量化后的信号电平与原始模拟电平总是存在差异的，量化的位数越多，差异越小。由于位数的限制，量化所产生的误差是不可避免的。量化过程是不可逆转的，因此量化对声音造成的损伤也是不可弥补的。采样、量化后的信号转换为数字符号才能进行处理和传输，这一过程称为编码。

3. 视频格式

目前常见的数字视频文件类型有以下几类。

（1）AVI 文件

AVI 是音频视频交错（Audio Video Interleave）的英文缩写，这种格式的文件是指将音频和视频交错在一起进行同步播放。AVI 格式是由微软公司开发的，Windows 等多数操作系统均支持该种类型的文件。

（2）MPEG 格式

MPEG 是运动图像专家组（Moving Picture Experts Group）的英文缩写，是针对运动图像设计的一个标准。其在单位时间内采集并保持第一帧信息，然后只存储其余帧对第一帧发生变化的部分，从而达到压缩的目的。MPEG 的压缩比率较大，且压缩速度快，而解压缩几乎可以达到实时的效果。

（3）RM 格式

RM 是 Real Media 的缩写，包含 Real Audio、Real Video、Real Flash 三大类。RM 适合在低速率网络上传递活动视频影像，可以根据网络传输速率的不同而采用不同的压缩比率，从而实现实时传递、播放。RM 还能够与服务器端配合在数据传输过程中边下载边播放视频影像。

（4） Windows Media 格式

该格式包含 ASF 和 WMV 两种格式。ASF（Advanced Streaming Format）是微软为了与 Realplayer 竞争而推出的一种视频格式。ASF 文件体积小、适合网络传输，用户可以将图像、声音、动画数据组合成一个 ASF 格式的文件，以网络数据包的形式传输，实现流式多媒体内容的传输。WMV（Windows Media Video）是独立于编码方式的在因特网上实施传播多媒体的技术标准。它是 ASF 的升级版本，也是一种流媒体格式，比 ASF 有更小的体积。ASF、WMV 的扩展名可以互换。

（5）FLV 文件

FLV 是 Flash Video 的缩写，它所占的体积小，在线播放速度快。FLV 是目前主流的文件格式，新浪视频、搜狐播客等均采用该视频格式。

（6）MOV 文件

MOV 是苹果公司开发的一种视频格式，是图像及视频处理软件 QuickTime 所支持的格式，MOV 格式能够被多数主流操作系统支持。MOV 格式因其具有跨平台性、存储空间小等特点，得到业界的广泛认可，已经成为目前数字媒体技术领域的工业标准。

4．视频智能处理

视频智能处理技术在目标跟踪、行为分析、智能监控、智能交通、智能视频分析、公共场所人群密度安全分析、电网线路安全监测、安全生产、商品质量监测、盗版控制等领域有着广泛应用。例如，在盗版控制领域，视频的处理数据量非常大，不可能从上百万的视频中找出一个视频是另外一个视频的盗版。为了解决这个问题，谷歌公司采用信息指纹的办法。信息指纹是通过一系列的算法取得一个 128 位左右的数字作为原始信息独一无二的标记。由于视频的特殊性，仅仅需要对其中特定的关键帧提取指纹后进行比较即可。谷歌在收购 YouTube 后制定了一个有意思的分成策略：仅仅把广告收益分成给版权作者，上传者不能获取分成。没有了利益驱动，盗版情况大为减少。

5．视频处理工具

视频播放工具数目众多，例如暴风影音、Windows Media Player 等。视频编辑处理工具包括 Windows Movie Maker、会声会影、Premiere、Sony Vegas、格式工厂等。

7.3.4　动画处理

1．动画基本原理

动画是将静止画面变为动态的艺术。当静止的画面以一定的速度在人眼前快速闪过时，由于人眼的视觉暂留原理，人就会感觉到动态效果。传统动画中的静止画面是先由画师手绘作品再由摄像师拍摄所形成，计算机动画中的静止画面则是由计算机生产一幅幅图片所形成。当静止画面以一定的顺序播放，则形成了动画的效果。

1680 年，牛顿曾做过一个实验，他用右眼凝视映在镜子中的太阳，结果他的眼睛被灼伤，导致他不得不在暗室内休养了三天。在此后一段时间内，耀眼的太阳一直印刻在他的右眼中，过了几个星期他的视力才得以恢复。

1829 年，比利时的物理学家约瑟夫·普多拉再次做了牛顿做过的实验，并得到了同样的结果。他由此认识到，外界的影像在进入眼睛后会保留一段时间才会消失，这就是"视觉暂留原理"。1832 年，他根据该原理发明了"诡盘"。诡盘就是一个转盘，在转盘上画了一圈小人，每个相邻小人之间的动作存在细小的差异，然后将该转盘放在仅能显示一个小人大小的小孔后。此时，转动转盘，小孔依次显示一个个小人，当转盘转速稳定在某个特定速度时，会看到小人动起来，即出现了动画效果。这标志着电影的发明进入到了科学实验阶段。

计算机动画一般分为二维动画和三维动画。二维动画产生的立体感是在二维空间上模拟真实三维空间的效果。三维动画利用计算机构造三维形体的模型，并通过对模型、虚拟摄像机、虚拟光源运动的控制描述，由计算机自动产生一系列具有真实感的连续动态图像。普通电影和二维动画的原理类似，但平时人们在电影院观看的 3D 电影和传统意义上的三维动画虽然都是指立体影像，但是它们的制作原理并不一样。

2. 动画制作工具

常用的动画制作软件有 GIF Animator、Flash、Animator Studio、3DS MAX 等。

7.3.5　图形处理

图形也称为矢量图，是在数学上定义的一系列的由线连接的点。图形文件中的元素被称为对象，每个对象是一个独立的实体，其具有颜色、形状、轮廓、大小、屏幕位置等属性。由于每个对象是独立的实体，因此当对某个对象进行移动、缩放时，都不会影响到文件中其他对象的属性，这意味着图像的清晰度、弯曲度都不会因此受到影响。

图形与分辨率无关，可以将它缩放到任意大小、任意分辨率的输出设备上，此时其清晰度不会受到影响。

图形文件常常被应用于图例和三维建模，其比较常用的软件有 CorelDRAW、Adobe Illustrator、AutoCAD、Fireworks 等。

7.3.6　网络多媒体技术

传统的多媒体是单一系统多媒体，仅仅由当地系统为多媒体提供资源的应用，由本地系统提供所需要的处理、多媒体数据存储，并为其配备必要的各种媒体设备。单一系统多媒体是局部的，如果能让更多的用户分享多媒体文件，就需要网络应用，例如电视会议、多媒体教学等。将网络应用于多媒体形成网络多媒体，将各种资源集中于通过显示系统、服务器实现其应用，会节约经济成本。网络多媒体具有集成性、交互性、实时性、多媒体数据的分布性、多种信息的表现形式等特征。

多媒体应用技术中的远程教育、实时新闻播报、可视电话、视频点播等应用主要得益于流媒体技术。流媒体技术解决了在现有网络环境下实现多媒体一边下载一边还原可视可听的实时要求。

网络多媒体技术的典型应用领域主要包括：远程教学和远程医疗诊断、电子出版物与数字图书馆、网络多媒体信息技术咨询、网络多媒体计算机协作会议系统、交互式电视与视频点播、交互式影院与数字化电影、家庭工作室等。

下面介绍几种典型的多媒体应用。

1. 分布式多媒体应用系统

以不同层次的分布式工作的多媒体系统称作分布式多媒体系统，系统中多媒体以分布的形式工作，通过网络对多种媒体进行连接、控制。分布式多媒体系统在多方面得到了广泛的应用。MERMAID 系统是由日本电气公司（NEC）开发的分布式多媒体应用系统，该系统能够满足多个用户使用多台工作站进行多边技术会议、分布式软件开发等需求，系统能够连接多个不同地理位置的工作地点，这些地点分布在全球的不同位置。

2. 计算机网络多媒体协同工作

"计算机协同工作"于 1980 年代的麻省理工和 DEC 公司共同提出，它表示在计算机支持的环境中一个群体协同地完成一项共同的课题。计算机协同工作涉及多个领域的知识，例如数字视频、通信技术、多媒体邮件、数据压缩、数据存储、远程会议等。目前应用比较广泛的应用主要有共同编辑系统、计算机会议系统、信息共享系统等。

MediaBase 系统是加拿大渥太华大学设计的以医学应用为背景的计算机协同工作系统。该系统能够让医学影像科医生和门诊医生共同诊断病人。该系统由多个工具组成，查询工具允许医生根据需要从多媒体数据库中调阅病人的病例、影像资料等；协作工具允许医生在网络环境下完成会诊；即时通信工具允许医生彼此之间进行信息的交换；编辑工具允许医生将自己的诊断意见添加到对应的病例内；辅助诊断工具帮助医生提取类似病人的病例辅助医生诊断。

3. 多媒体会议系统

多媒体会议系统是在计算机网络技术的支持下，利用多媒体的音频、视频技术实现异地会议的分布式多媒体应用系统。多媒体会议系统极大程度地节约了人工成本，降低了会议开销，使得会议的组织更加方便快捷。目前常见的桌面多媒体会议系统具有较强的交互性和实时性；能够实现视频、音频的同步交流；能够让与会者使用共享工作区白板、交流彼此的意见；能够实现应用程序彼此共享，与会者能够操作同一个应用程序，能够将本地的鼠标、键盘操作在云端共享。

4. 多媒体点播系统

多媒体点播系统的主要目标是实现人与远端服务器之间的通信。点播系统能够将信息分发给多个用户，根据需要可实现对所有用户广播或者部分用户组播的多点发送。多媒体点播系统通常由多媒体服务提供商、传送网络和用户所组成。多媒体服务提供商是多媒体信息的提供方、点播权限控制方。多媒体服务提供方搜集、整理、管理各种多媒体资料，利用服务器向终端用户提供服务。多媒体点播系统被广泛地应用在网络电视、网络游戏、网络通信等多个领域。目前的网络电视大多实现了多媒体点播，用户能够根据自己的兴趣观看喜爱的节目。

单播、广播、组播是网络上的通信模式，其中组播具备单播和广播的优点，具有发展前景。单播是主机之间"一对一"的通信模式，广播是"一对所有"的通信模式，组播是主机之间"一对多组"的通信模式。

获取视频可以用文件下载和视频点播技术。这两种方式的视频文件都是保存在服务器端。采用文件下载方法观看，用户必须把整个视频文件先下载到自己的计算机上，然后才能通过播放器观看；采用视频点播技术观看，用户仅需要下载视频的一小部分就能实现播放，采用边播放边下载的方式完成后续工作过程。

视频点播也称为流媒体技术，又称为流式传播技术。该技术分为顺序流式和实时流式两种。顺序流式的传输是顺序下载，用户只能看到刚刚下载的部分，不能跳转到还未下载的部分。实时流式的传输在观看的过程中能实现快进快退，查看之前播放的内容或直接跳过当前一部分跳至后续要播放的部分继续播放。

5. 电子商务

2015 年，国务院总理李克强在政府工作报告中首次提出"制订'互联网+'行动计划，推动移动互联网、云计算、大数据、物联网等与现代制造业结合，促进电子商务、工业互联网和互联网金融健康发展"。"互联网+"随即成为关注和讨论的热点。"互联网+"代表一种新的经济形态，即充分发挥互联网在生产要素配置中的优化和集成作用，将互联网的创新成果深度融合于经济社会各领域之中，提升实体经济的创新力和生产力，形成更广泛的以互联网为基础设施和实现工具的经济发展新形态。

目前，中国的很多互联网公司均有自己的互联网金融产品，百度有百度钱包、阿里巴巴有支付宝、腾讯有财付通、京东有京东钱包。

6.多媒体远程教育

远程教育是将处于不同地点的知识提供者和学习者组织到一起完成教学活动。现代远程教育技术是采用先进的技术手段来连接不同地理位置的教师和学生，以多媒体的方式进行交流、传授知识。远程教育成为现代社会人们接受知识的重要手段。远程教育能够有效解决师资力量的不足，能够为在职人员提供继续学习的机会，能够进一步推进中小学师资、能够更全面地推进九年义务教育。

随着科技进步，慕课、翻转课堂、移动课堂等对远程教育的概念进行了进一步延伸。

7.3.7　虚拟现实技术

1.定义

虚拟现实（Virtual Reality，VR）是一种基于可计算信息的沉浸式交互环境，其采用以计算机技术为核心的现代高科技生成逼真的视听、触觉一体化的特定范围的虚拟环境，用户借助必要的设备以自然的方式与虚拟环境中的对象进行交互作用、相互影响，从而产生亲临其境的感受和体验。

虚拟现实本质上还是在人与计算机之间进行交流，但是这种交流的界面更为自然，让人感觉交流的对象不再是计算机，而是一个真实存在的实体自然对象。虚拟现实能够产生虚拟的对象，让使用者在其上完成操作，例如，生成三维的病人让医生在其上进行诊断或者手术。

与传统的多媒体技术相比较，虚拟现实具有临境性、交互性、想象性的特点。临境性即沉浸感，使用者感到作为主角存在于模拟环境中的真实程度，理想的虚拟现实场景应该是让用户难以区分当前到底是在虚拟环境中还是真实环境中。"盒中脑"描述了这样的一种场景，一个人无法判断当前是真实的世界状态，还是自己的脑组织放在一个盒子内由一个计算机所控制产生的模拟状态。交互性是指用户对模拟环境内物体的可操作程度和从环境所能得到反馈的方便程度。交互媒介不再局限于键盘、鼠标，还包括具有数字传感功能的头盔、手套、衣服等。想象性强调虚拟现实技术具有广阔的想象空间，可拓宽人类的认知范围，不仅可以再现真实存在的环境，还可以构建客观上不存在甚至不可能发生的环境。

虚拟现实系统的本质是用户对虚拟场景的沉浸，根据用户的参与形式及沉浸程度的不同，可以把虚拟现实划分为 4 类。桌面级虚拟现实系统、沉浸式虚拟现实系统、增强现实性虚拟现实系统、分布式虚拟现实系统。

桌面级虚拟现实系统利用个人计算机进行仿真，计算机的屏幕作为用户观看虚拟现实环境的一个窗口，各种外部设备一般用来调整环境参数、控制环境内对象。

沉浸式虚拟现实系统提供完全投入和沉浸的功能，用户有一种身临其境的感觉，能真实体会到各种环境状态。它利用头盔等各种设备把参与者的视觉、听觉等各种感觉封闭起来，并提供一个全新的虚拟环境，同时利用位置追踪器、数据手套等设备让参与者在虚拟环境中全心投入并沉浸其中。

增强现实性虚拟现实不仅是利用虚拟现实技术来模拟现实世界、仿真现实世界，同时用它来增强参与者对真实环境的感受，能够让参与者体会到在真实环境中不方便体验或无法感知的体验。例如，为战机飞行员配备的平视显示器，能够将各种数据投射到其前端的穿透式屏幕上，更加方便飞行员掌握当前情况并做出反馈。

分布式虚拟现实系统是将多个用户计算机连接到一起，共同体会同一个虚拟现实环境。美国国防部推出的作战仿真因特网项目使各种不同的仿真器能够在巨型网络上互联，用于部队的联合训练。该项目中，位于不同国家的仿真器能够运行在同一个虚拟世界，共同参与同一场作战演示，为联合作战提供仿真模拟。

2. 软件

虚拟现实开发主要涉及动态环境建模技术、实时三维图形生成技术、立体显示技术、传感器技术、立体声与语音输入输出技术、触觉与力觉反馈技术、应用系统开发技术、系统集成技术等相关技术。常用的开发工具主要有 3DVIA Studio Pro、Unity、VEGA 等。

7.3.8 多媒体压缩技术

1. 数据压缩基本概念

多媒体数据具有数据量大和数据速率高的特点，数据压缩是要降低多媒体数据对存储空间和传输带宽的要求，减少资源的浪费。不同的媒体压缩比率是不一样的，视频往往具有更高的压缩比例。以陆地卫星为例，它的一幅图像大小为几百 MB，这样即使每天仅采集 100 幅照片，就产生几十 GB 的数据量，而每年产生的数据量更是庞大。由于科研的需求，这些图像往往需要保存很长时间，它们的保存就需要很大的空间。即使能将这些数据仅仅压缩到十分之一大小，就可以少使用十分之九的磁盘，少用十分之九的机房，甚至少建设一座大楼。因此，数据压缩具有十分重要的意义。

人们研究图像发现，图像内存在着大量的冗余，通过去除冗余可以使图像的原始数据大幅度减少，从而减少图像所占空间。这里以图像的冗余为例，阐述冗余的情况。常见的图像冗余有空间冗余、时间冗余、视觉冗余、结构冗余、知识冗余等。

空间冗余是指一幅图像内其相邻的像素点之间存在着很大的相关性，例如，在图像中经常存在着某一个区域，该区域内所有点的光强、色彩、饱和度都一致。

时间冗余往往是指序列图像的相邻帧图像之间往往存在着相同的背景和移动物体，它们的背景是完全相同的，移动的物体仅仅是位置发生了微小的变化而已。

视觉冗余是指人眼视觉系统本身对于视觉信息的不敏感性。当人眼面对色彩变化时、内部细节变化时往往并不敏感。利用这些视觉特征，去掉图像中对人眼不敏感的部分，即可达到数据压缩的目的。

结构冗余是指图像存在着明显的分布模式。例如，大海的波纹等，根据已知分布模型，可以根据特定的过程生成图像。

知识冗余是指理解图像时能够根据人的先验知识获取图像的知识。例如，人眼是在鼻子的上方，嘴是在鼻子的下方等。知识冗余是编码主要利用的特性。

常用压缩率、压缩质量、压缩/解压缩速度来衡量数据压缩方法的优劣。

2. 两种类型的压缩

根据编码、解码前后数据是否一致来进行分类，数据压缩一般划分为两类：无损压缩和有损压缩。

无损压缩是可逆的，无损压缩用压缩后的数据进行解压缩，得到的解压缩数据与原始数据完全相同。无损压缩可以把原始文件压缩到原来的二分之一到四分之一。常用的无损压缩算法包括哈夫曼编码和 LZW 算法等。无损压缩适用于要求原始数据和解压缩数据完全一致的应用。

有损压缩是不可逆的，无损压缩解压缩后得到的数据与原始数据存在一定的差异，但不影响信息的表达，存在的差异不会造成信息的误解。无损压缩适用于解压缩数据不一定非要和原始数据一致的场合。例如，图像、声音等适合有损压缩，因为这些信息存在大量的冗余，即使丢失一些信息也不影响我们理解信息或是误解信息。

3. 编码算法

信息压缩技术的理论基础是信息论。根据信息论的原理，可以找到最佳数据压缩编码方法，数据压缩的极限是信息熵。如果在编码过程中不丢失信息量，即保存了信息熵，这种信息编码称为熵保存编码，熵保存编码是无损压缩。考虑到人类对于某些信息的不敏感性，信息压缩不一定完全保存熵信息，即可以实现有损压缩。

（1）统计编码

统计编码是基于信息的统计特性而进行的编码，它根据各个符号出现的不同概率对其进行编码。这种编码在原始信息和编码信息之间存在着一对一的关系。常见的统计编码有游程编码、哈夫曼编码、算术编码等。

游程编码又称为行程编码，是基于信息的空间冗余，将连续相同的数据序列用其出现的次数来替代。例如，要编码的字符为"AAAAAAAAABBBBBBBBBCCCCCCCCCDDDDDDDD"可以编码为"9A9B8C8D"。编码前后的信息量分别为 34 和 8，压缩比为 17∶4。

（2）预测编码

预测编码的理论基础是现代统计学和控制理论。预测编码的基本原理是，利用临近信息之间存在的相似性，将某一信息值用与它相邻的信息值进行估计，并把估计值和实际值之差作为样本的编码，以达到压缩的目的。如果模型足够好且样本序列在时间上相关性较强，那么误差信号的幅度将远远小于原始信号，从而可以使用较少的电平类对其差值量化得到较大的压缩结果。

预测编码分为线性预测和非线性预测编码两种方法。线性预测编码方法，也称为差值脉冲编码调制法。

（3）变换编码

变换编码是指将源信息从一种空间变换到另外一种空间，再对变换后的信息进行编码的方法。例如，乘法 1000000×1000000，运算量很大，可以利用对数转换为加法运算。

常见的变换算法有傅里叶变换、小波变换、正弦变换、余弦变换等。

4. 常见压缩标准

多媒体编码技术的发展给多媒体数据的处理、存储、传输和应用提供了可能和技术支持。为了各个不同厂商之前的各种产品能够互相兼容，需要制定统一的标准。国际标准化组织（ISO）、国际电工委员会（IEC）、国际电信联盟电信标准化部门（ITU-T）成立了专门的专家组来制定相关的标准，极大地推动了多媒体技术的应用与发展。

（1）音频压缩标准

音频信号是多媒体信息的重要组成部分。目前，业界公认的声音质量划分为 4 个等级：数字激光唱盘 CD-DA 质量，其信号带宽为 10Hz～20kHz；调频广播 FM 质量，其信号带宽为 20Hz～15kHz；调频广播 AM 质量，其信号带宽为 50Hz～7kHz；电话的话音质量，其信号带宽为 200Hz～3.4kHz。其中，数字激光唱盘的质量最高，电话的话音质量最低。

数字音频压缩标准可以划分为高保真立体声音频压缩、调频广播语音压缩、电话语音压缩三种。

由于竞争、知识产权等原因，市场上压缩标准非常多，国际标准化组织、国际电信联盟电信标准化部门等先后推出了一系列的语音编码标准。现在被广泛应用的有 G 系列音频标准和 MPEG 系列音频标准。

（2）静态图像压缩标准

1986 年，ISO 和国际电报电话咨询委员会（CCITT，国际电信联盟电信标准化部门的前身）联合成立了"联合图像专家组"JPEG（Joint Photographic Experts Group），这一组织自诞生以后推出了许多标准。它于 1991 年推出了"多灰度静止图像的数字压缩编码"（简称 JPEG 标准），该标准后来成为 ISO 国际标准。

JPEG 开发了两种基本的压缩算法，一种是无损压缩算法，其压缩比较小；另一种是有损压缩算法，压缩比较大。有损压缩具有较高的压缩比，图像失真又较小，其应用比较多。

JPEG 标准支持多种模式，常用的是 4 种：顺序模式、渐进模式、分级模式、无损模式。顺序模式是顺序对整幅图像编码；渐进模式先传递低质量图像，再传送高质量图像，在网页浏览中应用极广；分级模式对处于不同分辨率层次中的图像进行编码，图像质量得到逐步改善；无损模式采用无损图像压缩模式，压缩比明显低于有损压缩模式。

JPEG 2000（JP2）是 2000 年推出的新标准，JPEG 2000 不仅能提高图像的压缩质量，尤其是低码率时的压缩质量，而且还增加了许多功能，包括图像质量、视觉感受和分辨率进行渐进传输，对码流的随机存取和处理，开放结构、向下兼容。在高压缩比的情形下，JPEG 2000 图像失真度比 JPEG 图像要小。JPEG 2000 同时支持有损压缩和无损压缩。JPEG 2000 在图像质量较高的医学图像处理和分析中已经有了较广的应用。

（3）运动图像和视频压缩标准

运动图像专家小组（Moving Picture Experts Group，MPEG）的目标是建立一个运动图像标准草案。该小组与 JPEG 小组的成员有很大的重叠，JPEG 集中于静止图像压缩，MPEG 集中于活动图像的压缩，由于运动图像是由静止图像序列所组成，因此二者之间存在着密切的关系。MPEG 专家小组的研究内容涉及视频压缩、音频、音频和视频同步等诸多领域。该组织从 1992 年起陆续推出了多个标准，包括 MPEG-1、MPEG-2、MPEG-4、MPEG-7、MPEG-21 等。

CCITT 在 1998 年提出了 H.261 标准，该标准后来被 ITU-T 所采纳。该标准用来支持在 ISDN 上进行可视电话、视频会议和其他视听服务。H.261 后续的升级版本有 H.262、H.263、H.26L 等。

AVS 标准是我国自主开发的音视频编码标准。AVS 的主要创新在于提出了一批具体的优化技术，在较低的复杂度下实现了与国际标准相当的技术性能，但并未使用国际标准背后的大量复杂专利。AVS 具有性能高、复杂度低、自主知识产权等特点。

本章习题

一、填空题

1. 多媒体概念中的媒体一般是指_____、_____、_____、_____、_____等传递信息的载体。

2. 媒体是指信息传递和存储的最基本手段、工具和技术。国际电信联盟建议将媒体划分为 5 大类，具体包含_____、_____、_____、_____、_____。

3. 彩色空间应该能够方便地将颜色自然分解为 3 个基本的视觉特征，即三要素：_____、_____、_____。

4. 图像的数字化包含_____、_____、_____三个步骤。

5. _____是指一幅图像内其相邻的像素点之间存在着很大的相关性，例如，在图像中经常存在着某一个区域，该区域内所有点的光强、色彩、饱和度都一致。

6. 根据编码、解码前后数据是否一致来进行分类，数据压缩一般划分为两类：_____和_____。

7. _____是运动图像专家组的英文缩写，是针对运动图像设计的一个标准。

8. _____是把时间上连续的模拟信号变成离散的有限个样值的信号。

9. 视频是随时间动态变化的一组图像，一般由连续拍摄的一系列静止图像组成，一幅图像在视频中叫作一_____，其是视频的最小单位。

10. 影响声音质量的主要因素有_____、_____、_____。

11. _____能够直接作用于人的感觉器官，并能够使人产生直接感觉。

12. _____是人类发明出来的媒体，这种媒体是为了加工、处理和传输感觉媒体而存在的。

13. _____是指感觉媒体与用于通信的电信号之间进行转换的一类媒体。

14. _____是用于存储信息的介质，以方便计算机处理和调用。

15. _____是指传输介质，能够将表示媒体从一个地方传递到另外一个地方的物理载体。

16. _____是指超链接，能够从当前的文本链接到另外一个资源。

17. _____又称为矢量图，是由外部轮廓线条构成，是计算机通过指令参数绘制完成的，例如直线、圆、矩形、曲线、图表等。

18. _____又称为点阵图或位图图像，其由一个个的像素构成。

19. _____是按照时间顺序对模拟视频进行数字化后得到的数字图像序列。

20. 动画与视频的播放原理相同，都是利用了人眼_____原理。

二、选择题

1. 对于彩色图像，每个像素由 3 个基本分量——红（R）、绿（G）、_____表示。
   A. 蓝（B）　　　B. 黑（B）　　　C. 紫（B）　　　D. 绿（B）

2. 描述声音特征的有声波的振幅、周期和_____。
   A. 波率　　　　B. 波长　　　　C. 频率　　　　D. 相角

3. 按照信号的组成与存储方式的不同，可以将视频划分为模拟视频和_____。
   A. 非模视频　　B. 宽带视频　　C. 线性视频　　D. 数字视频

4. _____是可逆的，对使用这种压缩方式压缩后的数据进行解压缩，得到的解压缩数据与原始数据完全相同。

    A. 无损压缩   B. 有损压缩   C. 数字压缩   D. 模拟压缩

5. _____是音频文件的格式。

    A. BMP   B. WAV   C. AVI   D. WWA

6. _____是视频文件的格式。

    A. AVI   B. JPEG   C. PSD   D. WMA

7. _____是图像文件的格式。

    A. BMP   B. MIDI   C. RM   D. MPEG

8. _____是图像处理工具。

    A. Photoshop   B. 格式工厂   C. Flash   D. 3DS MAX

9. _____是声音处理工具。

    A. Sony Vegas   B. GoldWave   C. ACDSee   D. Adobe Illustrator

10. _____是动画处理工具。

    A. AutoCAD   B. Fireworks   C. Flash   D. 会声会影

11. MPEG 是一种_____格式。

    A. 音频   B. 视频   C. 动画   D. 图像

12. SWF 是一种_____格式。

    A. 视频   B. 音频   C. 图像   D. 动画

13. MP3 是一种_____格式。

    A. 视频   B. 图像   C. 音频   D. 图形

14. JPGE 是一种_____格式。

    A. 图形   B. 动画   C. 音频   D. 图像

15. ACDSee 是_____。

    A. 视频编辑器   B. 音频播放器   C. 图像浏览器   D. 动画生成工具

16. Photoshop 是_____。

    A. 音频处理工具   B. 图像处理工具   C. 视频处理工具   D. 图形处理软件

17. GoldWave 是_____。

    A. 图像处理工具   B. 音频处理软件   C. 图像浏览器   D. 动画编辑器

18. 会声会影是_____软件。

    A. 动画制作   B. 视频编辑制作   C. 图像处理   D. 音频编辑制作

19. 格式工厂是多媒体_____软件。

    A. 制作   B. 编辑   C. 压缩   D. 格式转换

20. 多媒体数据具有数据量大和数据速率高的特点，数据_____是要降低多媒体数据对存储空间和传输带宽的要求，减少资源的浪费。

    A. 压缩   B. 加密   C. 存储   D. 传递

21. _____是视频处理工具。

    A. Fireworks   B. Photoshop   C. CorelDRAW   D. Premiere

三、名词解释

1. 多媒体   2. 分辨率   3. 采样   4. 视频   5. 虚拟现实

6. 数据压缩　　　7. 图形　　8. 数字视频　　9. 量化　　10. 图像深度

四、简答题

1. 简述多媒体技术具有哪些特征。
2. 简述可以将多媒体计算机系统划分哪几层。
3. 简述多媒体软件系统主要包括哪几部分。
4. 多媒体应用系统也被称为多媒体作品，简述其设计通常包含哪几个步骤。
5. 简述常见的数字视频文件类型有哪几类。
6. 简述动画的基本原理。
7. 简述多媒体技术的应用领域。
8. 简述视频的数字化过程。
9. 简述声音的数字化过程。
10. 简述数据压缩的基本概念。

第8章 信息安全

在全球信息化的背景下，信息已经成为一种重要的战略资源。信息在工业、生产、生活中扮演着越来越重要的角色，它直接关系着国家的安全、企业的生产、人们的生活。随着信息技术的发展，信息安全问题层出不穷，信息安全问题给人们带来了难以估计的损失。因此，正确认识信息安全、关注信息安全、学习信息安全尤为重要。

8.1 信息安全概述

信息安全的目标是保证信息的机密性、完整性、不可否认性和可用性。机密性是指保证信息不被非授权访问，即非授权用户无法获取信息内容。完整性是指信息传递前后的一致性，即信息在生成、保存、传输、使用过程中不会被未授权篡改。不可否认性是指用户无法否认对信息进行的生成、签发、接收等行为，类似于纸质的签章。可用性是指保障信息资源随时可以提供服务。

信息安全技术主要包括密码技术、签名与认证、网络攻防技术等。

1. 密码技术

密码技术可以划分为密码编码学和密码分析学。密码编码学是研究如何将信息进行编码，使得编码后的信息能够不被非授权用户获取；密码分析学是研究经过编码的信息，并将其恢复为原始信息的技术。密码编码学与密码分析学是对立的，但是在技术上它们又是相互促进的关系。

密码编码的核心思想是将信息进行伪装。将源信息称为明文，将编码后的信息称为密文，将源信息编码的过程被称为加密过程；将密文翻译为明文的过程称为解密过程。加密过程所采用的方案称为加密算法，解密过程所采用的方案称为解密算法。在加密过程、解密过程中所使用的参数被称为密钥。一般来说，加密算法、解密算法是公开的，密钥是不公开的。

实际使用中，加密算法应该尽量满足两个条件。

（1）解密过程所花费的代价要高于解密后获取的明文价值。

（2）解密过程所需时间超过密文的生存周期。

2. 签名与认证

传统的纸质文件通常需要签字、印章来保证其真实性及不可否认性。在网络上同样存在签名和认证的安全性问题。例如，甲将一个公文 D 以电子文档的形式传递给乙，乙需要判断该信息是否是甲发过来的原始文件，即需要确认发信人身份的有效性和信息未被篡改的有效性，还要防止甲事后否认自己发送过该文件。签名即用于解决上述问题。

签名必须满足 4 个条件。

（1）接收方能够核实、确认发送者对文件的签名，但是任何人不能够伪造发送方的签名。

（2）接收方收到信息后不能否认，即有收到认证。

（3）发送方在发送完报文后不能对已经签名的信息进行否认。

（4）公正第三方能够根据接收方和发送方的信息做出确认、仲裁，但是任何人不能伪造这一过程。

认证过程是计算机对用户身份进行识别，认证的实质是计算机认证用户的身份，并根据用户身份的不同做出相应的反馈。用户认证通常采用的方式有以下几种。

（1）用户所知道的特定信息，例如身份证、密码等。

（2）所拥有的介质，例如 IC 卡、USB key 等。

（3）生物特征，例如指纹、虹膜、步态等。

3. 网络攻防技术

网络攻击是指采用非授权方式，利用已经存在的安全漏洞和缺陷对网络中的目标进行入侵。网络攻击通常会对网络中的硬件、软件、网络服务、信息资源进行破坏，同时伴随着非法获取信息、伪造信息等各种目的。根据攻击者的行为可以将攻击区分为主动攻击和被动攻击，从攻击的位置可以将攻击划分为远程攻击和本地攻击。网络防御技术是指针对攻击所做出的针对性预防措施。

防御技术和攻击技术是相互对立、相互统一的关系。

8.2　密码技术

信息对于生产、生活的重要性越来越明显，对信息的保密要求也从原来的军事、政治、外交领域扩展到了商业领域、民用领域。随着科技的进步，密码学已经渗透到生产、生活的多个领域，并在金融、通信、电子商务等领域发挥着越来越重要的作用。密码技术也从原来的加密功能发展到具有认证、鉴别、数字签名等更多的功能。

2000 多年前，恺撒为了传递信息的保密性而将信息进行了加密处理。恺撒密码的做法很简单，即将字母表每个字母替换为另外一个不同的字母，这样如果不知道密码本，即使截获了密文，也无法知道内容具体是什么。当然，如果信息足够多，应用统计字母出现频率的方式可以很快破译出明文。在第二次世界大战期间，日本的密码曾多次被美军截获。其中一次，美军发现日军的一个代码"AF"可能代表某个岛屿，但是始终无法破解其到底代表哪个岛屿。于是，美方就逐个发布自己控制岛屿的假新闻。最后，当发送"中途岛"的假新闻时，代码"AF"代词再次出现。美军根据获取的消息，成功在"AF"伏击了日军。

1949 年之前，密码是作为一门艺术而存在，那时的密码学是凭借直觉进行密码的分析和设计，被称为古典密码学。古典密码学基本上以字符为单位进行加密、解密，主要采用置换和替代作为加密方法，经受不住现代密码分析理论的攻击，已经被淘汰。

1949 年，香农（Shannon）发表了"保密系统的通信理论"，奠定了密码学发展的理论基础，从而使密码学成为了一门科学。

1976 年，W. Diffie 和 N. E. Hellman 发表了"密码学新动向"，奠定了公钥密码的基础。公钥密码系统中，加密密钥和解密密钥是不同的，不能够从一个推导出另外一个。

散列函数，也称为哈希函数（Hash 函数）或密码学的压缩函数，是密码学理论的重要内容之一，被应用于消息鉴别、数字签名等。散列函数能够将任意长度的消息压缩成固定长度的字符串，该固定长度的字符串是其消息摘要，相当于消息的"指纹"，用来验证消息的完整性。使用哈希函数处理消息得到消息摘要时，如果消息被篡改了，则其指纹会发生变换。利用此特征即可以完成信息的完整性认证。

散列函数是数字签名中一个关键环节，通常先将消息进行哈希运算后再进行签名，这样签名的运算量仅仅为消息摘要，运算量大为减少，能够大大缩短签名时间并提高安全性。另外，散列函数在消息完整性检测、内存的散列分布、操作系统中账号口令的安全存储中都有应用。如果将散列函数使用密钥，则带密钥的散列函数可应用于认证、密钥共享、软件保护等领域。

尊重用户隐私、保护用户权益的网站，会将用户保存在其服务器上的密码使用哈希函数处理，这样即使其保存用户密码信息的数据库被攻击而泄露，非法攻击者得到的也仅仅是密码的哈希值，用户的密码也不会被计算出来。由于哈希算法是固定的，密码所对应的哈希值也是固定的。有人建立了哈希字典，字典中将原始消息和消息摘要进行了一一对应，这样得知了消息摘要可以从字典中查找出作为密码的原始消息值。为了防止攻击者利用哈希字典从消息摘要查找出密码信息，网站在运算密码的哈希值前往往在密码上附加一些信息，即"加盐"。这样，哈希字典就失效了，密码也就变得更为安全。

纸质的文件通常需要签字、盖章才能完成对其认证，随着科技发展，出现了越来越多的电子文件。这些电子文件和纸质的文件具有相同的功能，因此同样需要对其认证。与纸质的认证相同，电子签名同样需要满足认证功能。

在数字签名的应用中，许多环境对其提出了多种特殊要求，产生了数量众多的特殊签名。例如盲签名、群签名、多重签名、代理签名、门限签名等。

8.3　安全攻防技术

网络攻击和防御技术是矛和盾的关系。网络攻击技术在不断地发展，为了抵御攻击技术，防御技术也在不断地提高。下面简要介绍几种常见的攻击和防御技术。

8.3.1　网络扫描与网络监听

网络扫描是通过一定的技术手段发现当前网络或系统内所存在的不安全因素，以方便网络管理人员采取正确的应对措施，防止攻击者对目标进行攻击。

网络扫描主要包括漏洞扫描和端口扫描。

漏洞是指硬件、软件或策略上的缺陷，可能存在于网络的各个环节和方面，包括路由器、防火墙、操作系统、系统软件、应用软件等。漏洞具体有配置漏洞、设计漏洞、实现漏洞等多种不同类型的漏洞。通常有两类漏洞扫描技术：主机漏洞扫描和网络漏洞扫描。

端口号是主机上提供服务的标志。例如，提供网页服务的端口是 80 端口。入侵者知道了被攻击主机的地址后，还需要知道通信程序的端口号。如果攻击者扫描到某个端口号被打开，就能够判断当前主机在运行着什么服务，可以根据当前的服务采取具体的攻击手段。

安全扫描器是一种通过收集系统的信息、自动检测安全性脆弱点的安全评估工具。安全扫描器能够提前警告系统存在的漏洞。

安全扫描器工作过程通常包括如下三个步骤：（1）发现主机或目标网络；（2）发现目标的具体配置信息；（3）扫描漏洞。

常用的扫描器有 Nmap、IIS Internet Scanner、Nessus、SATAN、Netcat、X-scan 等。

网络侦听也叫作网络嗅探，该技术在协助网络管理员排除网络故障、检测网络传输数据等方面发挥着非常重要的作用。但同时，它也能被非法目的者使用，会造成密码失窃、敏感数据泄露等诸多安全隐患。在安全领域内，网络监听技术对于攻防双方都有着重要的意义。

典型的网络监听工具有 Tcpdump/Windump、Sniffit、Ettercap、Snarp 等。

目前，家庭内多采用无线局域网，可以采用加强网络访问控制、网络设置为封闭网络、一次性口令等多种方式来防范无线局域网的网络监听。

8.3.2 黑客攻击技术

黑客来源于"Hacker"，其引申含义是"做了一件漂亮的事情"。黑客本来是指精通计算机网络软硬件技术的人员，他们能够非常巧妙地操控计算机各种资源。如果黑客超越了权利范围边界，做出了不符合法律、道德规范的事情，则变为了"骇客"（Cracker）。由于一个广为报道的攻击事件，黑客被大众误赋予了骇客的含义，但是计算机领域的专业人士往往强调黑客的本来含义。因此，严格意义上讲，黑客不是破坏者，骇客才是。为了更好地区分黑客，人们提出了"白帽子""黑帽子"分别指代严格意义上的黑客、骇客。本文中，为了更好理解，使用了黑客经过再次引申的含义。

黑客的攻击一般包含信息搜集、扫描、渗透和攻击 4 个步骤。黑客的攻击存在一对一、一对多、多对一、多对多 4 种模式。

黑客攻击采用的攻击工具及方式主要有病毒、蠕虫、木马、窃听、口令破解、网络欺骗、拒绝服务攻击（Dos）、缓冲区溢出攻击、社会工程等。

口令破解可以采用字典攻击、暴力破解、管理员失误来完成。字典攻击是指大多数人采用普通单词作为口令，因此攻击者采用一个包含众多常用字符组合的字典去猜测口令。使用一本包含一万个字符组合的字典能够破解 70%左右的口令。据统计，最常使用的口令是"123456""iloveyou"等常见组合。暴力破解是依次使用所有的字符组合去猜测口令，如果有足够多的时间，就一定能够猜测到正确的口令。管理员失误是指由于管理员使用了系统默认的弱口令、自己设置了弱口令、系统维护不善等原因，黑客对系统实现了攻击。

网络欺诈包括 IP 欺骗攻击、ARP 欺骗攻击、DNS 欺骗攻击、源路由欺诈攻击等。IP 欺诈技术通过伪造 IP 骗取信任从而达到攻击的目的。ARP 是地址解析协议，该协议完成 IP 地址向物理地址（MAC 地址）的转换，ARP 攻击即利用伪造 IP 地址和 MAC 地址实现攻击。DNS 是域名系统，实现域名和 IP 地址的映射。DNS 攻击是让 DNS 服务器掉入陷阱，使用来自恶意 DNS 服务器的恶意信息。源路由欺骗攻击通过指定路由，以假冒身份与其他主机进行合法通信或发送假报文，使受攻击主机出现错误动作。

Dos 攻击是利用合理的服务请求来占用过多的服务资源，从而使合法用户无法获取服务的响应。例如，组织众多终端在一个固定的时间访问某个网站，则会造成服务器瘫痪，其他用户无法访问，这和实际生活中对道路造成拥堵事件的道理是一样的。分布式拒绝服务攻击（DDos）是在传统的 Dos 基础上产生的一类攻击。DDos 利用更多的傀儡主机作为"肉鸡"发起攻击，造成网络瘫痪。

缓冲区是用户为程序运行时在计算机中申请的一段连续的内存，它保存了给定类型的数据。在缓冲区溢出攻击中，攻击者通过向程序的缓冲区写入超过其长度的内容，造成缓冲区的溢出，从而破坏程序的堆栈，使程序转而执行其他指令，以对系统造成攻击。

社会工程攻击是利用人性的弱点，如人的本能、好奇心、信任、贪便宜等来实现攻击。黑客利用社会工程能够入侵网络，获取他想要的信息。社会工程非常难以阻止，只有靠人们提高警惕来防御。最典型的社会工程主要有反向社会工程、电子邮件和电话、滥用权威。反向社会工程中用户会被劝诱向攻击者寻求帮助。电子邮件和电话中，攻击者会请求用户以协助完成某项工作为名而提供自己的用户名和密码。滥用权威通常是假冒成用户的领导。

8.3.3　网络后门与网络隐身

后门是指能够绕过系统自身的安全防御系统而取得系统一定操作权限的程序方法。传统意义上的后门一般是指在系统的开发过程中，设计人员为了方便控制系统而故意设置，并在系统交付使用后继续存在的程序。近年来，媒体曾报道过数个大型国际跨国公司在其系统内建立过后门程序的案例。

后门也用来指非授权人员在系统上为了保持对系统的长期控制权而建立的控制软件。后门的好坏往往取决于其是否能够被安全防御系统识别出来。

网络隐身，是指让攻击者的行动不被发觉，实现隐身有两种方法：设置代理跳板、清除系统日志。

（1）设置代理跳板

攻击者在施行网络攻击时，会在被攻击主机上留下很多痕迹，IP地址是最直观的信息之一。攻击者为了隐藏自己的IP地址，往往采用代理的方式施行攻击，这样在被攻击主机上留下的IP地址即为代理的IP地址，从而保证了自身的IP不被泄露。在具体实施时，为了提高隐藏深度，攻击者往往采用在不同地理区域设置多级代理的方式施行攻击。例如，假设攻击者位于亚洲，他设置的代理可能遍布欧洲、非洲、美洲、澳洲，这样追查攻击者就变得十分困难。

（2）清除系统日志

在一些影视作品中，当管理员发现了系统正在遭受攻击，往往不像传统遭受物理攻击一样与攻击者周旋保存证据，而是果断地将服务器电源关掉。这一方面，保证了系统安全，另一方面，是因为攻击者在完成攻击后往往会删除系统日志，停电后能防止攻击者删除日志，从而保存其攻击痕迹，为分析攻击提供帮助。

清除系统日志是攻击者完成攻击的最后一步，攻击者往往会在退出系统前将其攻击痕迹在系统日志内删除。

8.3.4　计算机病毒与恶意软件

计算机病毒中的"病毒"来源于生物学概念，这是因为计算机病毒与生物学上的病毒有很多相似之处。计算机病毒是一种靠修改其他程序来插入或进行自身拷贝，从而感染其他程序的一段程序。广义上讲，任何能够引起计算机故障、破坏计算机数据的程序均是病毒。因此，在更为宽泛的理解上，也会将恶意软件如木马等称为病毒。按照《中华人民共和国计算机信息系统安全保护条例》，"病毒是指编制或者在计算机程序中插入的破坏计算机功能或者数据，影响计算机使用并且能够自我复制的一组计算机指令或者程序代码"。

计算机病毒的主要特征有传染性、非授权性、隐蔽性、潜伏性、破坏性等特点。

1. 病毒分类

病毒种类繁多，分类方法也不尽相同。下面介绍几种常用的分类方法。

（1）按照病毒的破坏性进行分类，可以将病毒划分为良性病毒和恶性病毒。

良性病毒不会直接对计算机产生破坏力，它往往是为了体现其存在，在不同的终端上进行自我复制。这种病毒虽然不会破坏数据等，但是其大量复制也会影响计算机的运算效率，给正常的操作带来麻烦。

恶性病毒具有破坏性，会造成系统内的数据损失等问题，有的还会造成硬件损坏。这类病毒应该更加注意防范。

（2）按照传染方式可以划分为驻留型病毒和非驻留型病毒。

驻留型病毒驻留在内存中，这种类型的病毒随着计算机的启动而运行，并且在整个计算机运行期间一直处于运行状态。

非驻留型病毒并不驻留在内存中，当其激活时并不感染内存或虽然有一部分驻留在内存中，但是不会通过这部分进行传染。

（3）按连接方式可以分为源码型、入侵型、操作系统型、外壳型。

源码型病毒是指那些用高级语言编写的，在编译之前能插入到源程序中的计算机病毒。

入侵型病毒是指将自己插入到感染的目标程序中，使病毒程序与目标程序成为一体。

操作系统型病毒是把自己粘附在操作系统的一个或几个模块上，它能破坏系统文件，丢失或破坏数据，并可能破坏硬盘的主引导记录，导致硬盘无法启动，甚至无法进入。

外壳型病毒常附着在主程序的首尾，在文件执行时先行执行此病毒程序，从而不断地复制，使计算机工作效率降低，最终使计算机死机。

（4）按照寄生方式可以分为引导型、文件型、复合型、宏病毒、网络病毒。

引导型病毒是一种在 ROM BIOS 之后，系统引导时出现的病毒，它先于操作系统，依托的环境是 BIOS 终端服务程序。

文件型病毒是指感染文件并能通过被感染的文件进行传染扩散的计算机病毒。

具有引导型病毒和文件型病毒寄生方式的计算机病毒称作复合型病毒。

宏病毒是指一种寄存在文档或模板的宏中的计算机病毒。

网络病毒是指专门在网络上传播，并对网络进行破坏的病毒，或是与 Internet 有关的病毒。

（5）按照病毒的算法可以分为伴随型、"蠕虫"型、寄生型、幽灵病毒。

伴随型病毒：这一类病毒并不改变文件本身，它们根据算法产生 EXE 文件的伴随体，具有同样的名字和不同的扩展名（COM），例如，可执行文件.EXE 的伴随体是同文件名的.COM 文件。病毒把自身写入 COM 文件并不改变 EXE 文件，当 DOS 加载文件时，伴随体优先被执行到，再由伴随体加载执行原来的 EXE 文件。

"蠕虫"型病毒：它是利用网络进行复制和传播。最初的蠕虫病毒发作时会在屏幕上出现一条类似虫子的东西，破坏屏幕上的内容，并将其变形。蠕虫病毒是自包含的程序，它能将自身不断地在网络上复制。

寄生型病毒：它们依附在系统的引导扇区或文件中，通过系统的功能进行传播。

幽灵病毒（又称变型病毒）：幽灵病毒能够在复制的过程中发生变化，从而让自己的复印品具有不同的内容、长度。这样，对其进行查杀将变得更加困难。

2．恶意软件

恶意软件包括木马、流氓软件、逻辑炸弹等。

"特洛伊木马"（Trojan Horse）通常简称为木马。这个故事来源于希腊故事，希腊大军围攻特洛伊城，久攻不下。于是希腊军做了一个大木马，并在里面放好士兵，佯装败退，留下木马。守城士兵缴获木马后将木马拉入城内，醉酒狂欢。藏在木马内的士兵趁着城内狂欢，偷偷从木马内溜出来，开启城门，场外伏兵顺利入城攻下特洛伊城。木马程序分为服务端和客户端，客户端完成对用户的监听，并将监听到的内容发送给服务端。特洛伊木马具有较高的隐蔽性，能够自动运行并将客户信息发送给服务端。

流氓软件是指在用户正常使用计算机时，弹出不需要的窗口、浏览器主页被修改、自动安装浏览器辅助工具等。通常指的流氓软件包括间谍软件、行为纪录软件、浏览器劫持软件、搜索引擎劫持软件、广告软件、自动拨号软件、盗窃密码软件等。

逻辑炸弹是指在计算机的运行过程中，当某个条件恰好满足时，如到达某个特定的时间，则会触发特定的恶意程序，对系统造成破坏、损坏数据等。

3. 预防措施

目前，反病毒和恶意软件技术是被动的，它是在病毒和恶意软件出现后才能出现。要有效保护信息安全，必须发挥人的主观能动性，这是对付病毒和恶意软件的关键。

（1）安装防病毒软件和防火墙，并保持及时更新

由于杀毒软件和防火墙更多依靠的是特征匹配方式完成病毒查杀，因此要想计算机能够查杀最新的病毒，必须要进行及时的更新。

（2）不要随便打开文件、链接

陌生人发送过来的文件、链接很有可能是病毒、恶意程序、钓鱼网站等。因此，陌生人发送过来的文件、链接，如果打开一定要首先确保其安全。由于网络上存在身份冒用等情况，即使收到熟人发送过来的文件、链接，也要首先对其安全性进行确认。

（3）个人电子设备谨慎外借

当将个人的电子设备借给他人后，很有可能在电子设备上被安置窃听软件、病毒程序，因此不要随意将电子设备外借。如果外借，尽量是熟悉的朋友，借给陌生人则尽可能不要离开自己的视线范围，当设备归还后，一定要仔细检查系统的安全性。

（4）做好定期备份

为了避免由于病毒、恶意软件破坏而导致数据丢失、损坏，最好将数据做好定期的安全备份。这样即使系统被病毒、恶意软件破坏，数据还能够安全使用。

8.3.5 防火墙技术

防火墙的本意是建立在木质房屋周围的石墙，主要用于防火的目的。在信息技术领域，防火墙是指构建的在内部网络和外部网络之间带有大门的围墙。它能够让内部网络的敏感信息不被恶意篡改或者访问、不受外部用户的骚扰、不被黑客入侵，但同时它允许特定的合法用户不受限制地访问其所需要的相应资源。

防火墙在规则匹配时通常采用两种形式：默认拒绝、默认允许。

默认拒绝存在一个允许表，是指允许能够与允许规则匹配的信息通过；默认允许存在一个拒绝表，当信息与拒绝表匹配时被拒绝。相对来说，默认拒绝更为严格。

防火墙具有三个典型的特征：所有网络数据流都要经过防火墙，符合策略的流才被允许通过防火墙，防火墙具有非常强的抗攻击能力。

防火墙具有如下几个主要功能：控制功能、内容控制功能、全面的日志功能、集中管理功能、自身的安全性和可用性功能。

按照不同的标准，防火墙可以划分为不同的类别。如果按照实现技术划分，可以划分为包过滤防火墙、应用网关防火墙、代理防火墙和状态监测防火墙。如果按照形态划分，可以

划分为软件防火墙和硬件防火墙。根据实现硬件环境不同可以划分为基于路由器的防火墙和基于主机系统的防火墙。根据防火墙的功能不同可以将防火墙分为 FTP 防火墙、Telnet 防火墙、E-mail 防火墙、病毒防火墙等。

常见的防火墙体系结构主要有：（1）双宿主主机体系结构；（2）堡垒主机过滤体系结构；（3）过滤子网体系结构；（4）应用层网关体系结构。

防火墙根据其应用规模可以划分为企业级防火墙和个人防火墙。个人防火墙通常是指安装在个人计算机上的软件，它能够监控计算机的通信状况，一旦发现有对计算机产生危险的通信就会发出警报。个人防火墙主要功能有：（1）防止 Internet 上用户的攻击；（2）阻断木马及其他恶意软件的攻击；（3）为移动计算机提供防护；（4）与其他产品进行集成。

8.3.6　入侵检测技术

入侵检测技术是对计算机和网络未经授权访问的检测技术。

入侵检测系统（IDS）是一种用于检测未经授权侵入计算机系统和网络系统的系统。根据检测范围进行分类，入侵检测系统可以划分为基于主机的入侵检测系统和基于网络的入侵检测系统。基于主机的入侵检测系统是一种在单机上检测出恶意行为的技术，该系统被部署在一台计算机上，并且它使用能够监控操作系统特定日志的软件，监控日志中的突然改变。当发现配置文件有所改变时，系统会将新的日志项与它的配置攻击签名进行比较，看是否匹配。如果匹配，则标志着存在非法活动。基于网络的入侵检测系统将整个网络作为监控对象。它监视网络上的流量以检测入侵，负责检测异常、不当或其他可能被视为未授权的事件或是有害数据。

入侵防御系统（IPS）是在 IDS 基础上发展起来的。IDS 虽然能够检测到网络异常等不安全因素，但是它仅仅是被动检测、报告，而不能够进行主动处理。IPS 在 IDS 的基础上增加了攻击处理功能。IPS 也分为两大类：基于网络的和基于主机的。

为了更好地对入侵进行检测，通常采用"蜜罐"技术。蜜罐是一种安全资源，其价值在于被扫描、攻击和攻陷。蜜罐的核心价值在于对已知的攻击活动进行监视、检测和分析，从而预知、预防未知的攻击活动。

8.3.7　VPN 技术

虚拟专用网（Virtual Private Network，VPN）是一种业务，可以在共享的公共网络上提供安全可靠的连接通道。

普通路由选择封装隧道是最简单的 VPN，当数据在隧道上传递时，只有特定的路由器能够看到原始分组信息。

IPSec（IP Security）是一个开放的标准框架，主要提供 4 个主要的安全功能：保密性、数据完整性、来源认证、抗重播保护。

保密性是指发送方和接收方的信息传递采用加密的方式完成，这样即使信息被窃取，也无法获取其明文数据，保证了数据的私密性。

数据完整性是指发送方将消息进行哈希运算，将消息的哈希值消息摘要一起传递给接收方。接收方在收到消息后同样对消息进行哈希运算，得到其消息摘要，并将该信息摘要与收到的信息摘要进行比对，通过验证一致性来完成消息是否完整的认证。

来源认证是发送方使用自己的私钥对发送消息进行签名，接收方使用发送方的公钥完成对信息来源的认证。

抗重播保护是指接收方校验每个数据分组都是唯一的，不重复的。

例如，学校可以采用 VPN 服务。很多学校的一些内部系统，如教务系统、办公系统，其访问权限往往局限于校园内部的局域网，外网是不能够访问的。学生、教师通过 VPN 可以顺利访问学校内部的一些系统。此时，教师、学生使用的主机相当于局域网内的一台机器。

8.3.8　PKI 技术

公钥基础设施（Public Key Infrastructure，PKI）技术是一种遵循标准的，利用公钥加密技术为开展电子商务提供安全基础平台的技术和规范。它能为所有网络提供加密和数字签名等密码服务及所必须的密钥和证书管理体系。

PKI 技术采用证书管理公钥，通过 CA 认证中心（第三方的可信机构）在网络上完成用户身份的认证。PKI 技术采用数字证书完成对网络上传递信息的加密和解密任务，从而保证信息的机密性、完整性、不可否认性和可用性。PKI 技术是基于公钥算法和技术，为网络通信提供安全的基础设施，包括创建、颁发、管理、注销公钥证书等工作所涉及的硬件、软件的集合体。PKI 的核心元素是数字证书，核心执行者是 CA 认证机构。

PKI 技术是信息安全技术的核心，也是电子商务的关键和基础技术。PKI 基础技术包括加密、数字签名、数据完整性机制、数字信封、双重签名等。

8.4　信息安全管理与法律法规

信息安全管理是建立信息安全的统一标准，让信息安全工作能够按照统一的标准执行。信息安全法律法规能够为社会稳定、经济发展、营造安全的网络环境提供有力保障。

8.4.1　信息安全标准

与人类有关的最早标准被认为是语言，因为有了统一的语言，人类之间的交往才实现了一致性。信息安全标准是确保信息安全产品和系统在设计、研发、生产、建设、使用、测评中解决其一致性、可靠性、可控性、先进性和符合性的技术规范、技术依据。信息安全标准对于解决信息安全问题具有重要的技术支撑作用。

国外信息安全研究方面，国际标准组织和国际协会组织都有大量的研究。国际标准组织主要有三个：ISO（国际标准化组织）、IEC（国际电工委员会）、ITU（国际电信联盟）。国际协会组织有 IETF（互联网工程任务组）、IEEE（美国电气和电子工程师学会）等。

我国信息技术标准化组织是全国信息技术标准化技术委员会。信息安全国家标准由全国信息安全标准化技术委员会负责（简称"信安标委"）。该委员会成立于 1984 年，在国家标准化管理委员会和工信部（中华人民共和国工业和信息化部）共同领导下负责全国信息安全领域以及与国际标准化组织相对应的标准化工作，其下设 7 个工作组。

近年来，我国已在信息安全等级保护、网络信任体系建设、信息安全应急处理、信息安全产品测评、信息安全管理等方面初步形成了与国际标准相衔接的中国特色的国家标准体系。信安标委在充分借鉴和吸收国际先进信息安全技术标准化成果和认真梳理我国信息安全标准的基础上，初步形成了我国信息安全标准体系。

《信息安全国家标准目录》，是由全国信息安全标准化技术委员会秘书处按照国家信息安全标准体系框架分类，梳理了所有正式发布的信息安全国家标准信息，主要包括标准编号、名称、对应国际标准、发布和实施日期，以及标准主要范围等信息，以便了解信息安全国家标准制修订整体情况。截至 2015 年 5 月 15 日，其网站上标注了截止日期为 2014 年 1 月 26 日的 214 项不同标准。

信息安全标准从总体上可划分为七大类：基础类标准、技术与机制类标准、信息安全管理标准、信息安全测评标准、通信安全标准、密码技术标准、保密技术标准。在每一大类的基础上，可按照标准所涉及的主要内容进行细分。该标准体系主要由体系框架和标准明细表两部分组成，为现阶段信息安全标准制定、修订提供依据，为信息安全保障体系建设提供支撑。

（1）基础类标准

基础类标准主要包括安全术语、体系结构、模型、框架等。这些标准为信息安全标准的制定提供通用的语言和抽象系统构架。

（2）技术与机制类标准

技术与机制类标准主要包括标识与鉴别、授权与访问控制、实体管理、物理安全技术、可信计算等方面的标准。

（3）信息安全管理标准

信息安全管理标准主要包括管理基础、管理要素、管理支撑技术、工程与服务管理、个人信息保护等。信息安全管理标准是针对管理方面的规范工作。它主要应用于组织层面，规范组织的信息安全制度，规范治理机制和治理结构，保证信息安全战略与组织业务目标一致。

（4）信息安全测评标准

信息安全测评标准主要包含测评基础、产品测评、系统测评等。安全测评标准同时指导和规范了产品的开发和评估，并且可作为评估机构进行产品检测认可的依据，为在用户、设计者、开发者、供应商及潜在的评估者之间建立公正的、普遍理解的评估信任体系。

（5）通信安全标准

该标准内主要包含 IP 认证头（AH）标准（标准编号：GB/T 21643—2008），其对应的国际标准为：IETFRFC2402:1998，MOD。本标准规定了 AH 协议的技术要求，包括 AH 协议头格式、AH 协议处理、一致性要求等。本标准适用于支持 AH 协议的数据设备。

（6）密码技术标准

该部分主要包含散列函数、消息鉴别码、证书认证系统密码、数据加密等相关标准。密码标准的适用范围为商用密码。商用密码是指对不涉及国家秘密内容的信息进行加密保护或者安全认证所使用的密码技术和密码产品。商用密码标准作用于商用密码的整个生命周期，它包括商用密码研制、生产、使用与管理的全过程，以及在这个完整过程中涉及的术语、协议、管理、安全评估等所有组成要素。

（7）保密技术标准

保密技术标准主要涉及电磁泄漏、计算机网络安全隔离设备、计算机信息系统防火墙、计算机信息系统漏洞扫描产品、计算机系统入侵检测产品、系统安全审计产品、信息系统分级测评等方面标准。

8.4.2　信息安全相关法律法规

信息安全关系着国家的主权和安危、社会稳定、民族文化继承和发扬等一系列问题。世界上的大多数国家普遍采用的是"首先建立健全法律法规，逐步提高公民的信息安全素养，积极采用先进技术"的方式促进信息安全，同时建立产业链协作共同承担责任。

美国是信息安全立法活动进行得最早的国家。1966 年，美国首次发生侵入银行系统的案件，这也是最早的计算机系统安全事件。为了加强信息安全，规范网络行为，美国先后制定了一系列的法律法规，对信息安全活动进行规范。1977 年美国颁布了世界上第一部针对计算机犯罪的法律《联邦计算机系统保护法案》，该法案首次将计算机系统纳入到法律的保护范畴。我国的信息安全立法工作开始于 1990 年。1991 年，我国劳动部出台《全国劳动管理系统计算机系统病毒防治规定》。

目前，各国政府制定了很多关于信息安全领域的相关的法律、法规。例如，美国政府的《信息自由法》《计算机安全法》；英国的《数据保护法》；德国的《多媒体法》；俄罗斯的《联邦信息、信息化和信息保护法》等。

我国在近年来也制定了很多相关的法律、法规，例如《计算机软件保护条例》《计算机病毒控制条例》《中华人民共和国计算机信息系统安全检查办法》等。

本章习题

一、填空题

1. 信息安全的目标是保证信息的_____、_____、_____和_____。

2. _____能够将任意长度的消息压缩成固定长度的字符串，该固定长度的字符串是其消息摘要，相当于消息的"指纹"，用来验证消息的完整性。

3. 在数字签名的应用中，许多环境对其提出了多种特殊要求，产生了数量众多的特殊签名。例如_____、_____、_____和_____等。

4. _____是通过一定的技术手段发现当前网络或系统内所存在的不安全因素，以方便网络管理人员采取正确的应对措施，防止攻击者对目标进行攻击。

5. 网络扫描主要包括_____扫描和_____扫描。

6. _____也叫作网络嗅探，该技术在协助网络管理员排除网络故障、检测网络传输数据等方面发挥着非常重要的作用。

7. 黑客的攻击一般包含_____、_____、_____和_____4 个步骤。

8. 网络隐身是指让攻击者的行动不被发觉，实现隐身有两种方法：_____和_____。

9. 计算机病毒的主要特征有_____、_____、_____、_____和_____等特点。

10. 将病毒按照传染方式可以划分为_____病毒和_____病毒。

11. 防火墙在规则匹配时通常采用两种形式：_____、_____。

12. _____是对计算机和网络未经授权访问的检测技术。

13. _____可以在共享的公共网络上提供安全可靠的连接通道。

14. _____技术是一种遵循标准的，利用公钥加密技术为开展电子商务提供安全基础平台的技术和规范。

15. 国外信息安全研究方面，国际标准组织和国际协会组织都有大量的研究。国际标准组织主要有三个：_____、_____、_____。

16. 我国信息安全标准体系中，将信息安全标准从总体上可划分为七大类：_____、_____、_____、_____、_____、_____、_____。

17. _____是指在计算机的运行过程中，当某个条件恰好满足时，如到达某个特定的时间，则会触发特定的恶意程序，对系统造成破坏、损坏数据等。

18. _____是指在用户正常使用计算机时，弹出不需要的窗口、浏览器主页被修改、自动安装浏览器辅助工具等。

19. 计算机病毒按照寄生方式可以分为_____、_____、_____、_____、_____。

20. _____攻击是利用人性的弱点如人的本能、好奇心、信任、贪便宜等来实现攻击。

二、选择题

1. _____是指保证信息不被非授权访问，即非授权用户无法获取信息内容。
   A. 不可否认性　　B. 机密性　　　　C. 可用性　　　　D. 完整性

2. _____是指信息传递前后的一致性，即信息在生成、保存、传输、使用过程中不会被未授权篡改。
   A. 机密性　　　　B. 完整性　　　　C. 不可否认性　　D. 可用性

3. _____是指用户无法否认对信息进行的生成、签发、接收等行为，类似于纸质的签章。
   A. 不可否认性　　B. 机密性　　　　C. 可用性　　　　D. 完整性

4. _____是指保障信息资源随时可以提供服务。
   A. 机密性　　　　B. 完整性　　　　C. 不可否认性　　D. 可用性

5. _____也称为哈希函数（Hash 函数）或密码学的压缩函数，是密码学理论的重要内容之一，被应用于消息鉴别、数字签名等。
   A. 散列函数　　　B. 密码函数　　　C. 压缩函数　　　D. 签字函数

6. _____算法是散列算法的一种。
   A. 随机　　　　　B. MD5　　　　　C. MP3　　　　　D. RM

7. _____中，签名者并不知道他所要签发文件的具体内容。
   A. 盲签名　　　　B. 群签名　　　　C. 多重签名　　　D. 代理签名

8. _____中，群组内的每个人都能代表该群组完成签名，同时签名者的身份受到匿名保护，但是一旦发生意外纠纷，能够追究签名者的责任。
   A. 盲签名　　　　B. 群签名　　　　C. 门限签名　　　D. 代理签名

9. _____旨在解决电子文档需要多个签名的问题。在现实生活中，一个文件往往需要多个部门分别签章才能有效，该签名需要考虑：哪些人需要签名、签名顺序、签名方法、怎样验证、安全性保证等问题。
   A. 盲签名　　　　B. 群签名　　　　C. 多重签名　　　D. 代理签名

10. _____中，签名人将签名权委托给代理人完成签名工作。
    A. 盲签名　　　　B. 群签名　　　　C. 多重签名　　　D. 代理签名

11. _____中，群体的签名密钥被所有成员共享。当签名的成员达到一个特定数量时，签名生效，如果签名成员少于该数量，则签名无效。
    A. 盲签名　　　　B. 群签名　　　　C. 门限签名　　　D. 代理签名

12. 攻击者为了隐藏自己的 IP 地址，往往采用_____的方式施行攻击，这样在被攻击主机上留下的 IP 地址即为代理的 IP 地址，从而保证了自身的 IP 不被泄露。
    A. 签名　　　　　B. 加密　　　　　C. 代理　　　　　D. 漏洞

13. _____是指能够绕过系统自身的安全防御系统而取得系统一定操作权限的程序

方法。

  A. 后门   B. 木马   C. 病毒   D. Dos

14. 计算机病毒按_____可以分为源码型、入侵型、操作系统型、外壳型。

  A. 传染方式 B. 连接方式 C. 寄生方式 D. 算法

15. 按照病毒的_____可以分为：伴随型、"蠕虫"型、寄生型、幽灵病毒。

  A. 传染方式 B. 连接方式 C. 寄生方式 D. 算法

16. _____是指让攻击者的行动不被发觉，有两种实现方法：设置代理表板、清除系统日志。

  A. 漏洞攻击 B. 木马   C. 网络隐身 D. 病毒

17. _____攻击是利用合理的服务请求来占用过多的服务资源，从而使合法用户无法获取服务的响应。

  A. Dos   B. 逻辑炸弹 C. 口令破解 D. 网络扫描

18. _____是指硬件、软件或策略上的缺陷，其可能存在于网络的各个环节和方面，包括：路由器、防火墙、操作系统、系统软件、应用软件等。

  A. 后门   B. 漏洞   C. 木马   D. 病毒

19. _____的主要特征有传染性、非授权性、隐蔽性、潜伏性、破坏性等特点。

  A. 后门   B. 漏洞   C. 木马   D. 病毒

20. _____技术是一种遵循标准的，利用公钥加密技术为开展电子商务提供安全基础平台的技术和规范。

  A. PKI   B. VPN   C. Dos   D. MD5

三、名词解释

1. 明文   2. 密文   3. 密钥   4. 漏洞   5. 端口

6. 拒绝服务攻击 7. 网络欺诈 8. 社会工程 9. 后门   10. 恶意软件

四、简答题

1. 简述什么是信息安全意识。

2. 简述信息安全的目标。

3. 简述网络道德如何构建。

4. 简述如何防御、控制、治理网络犯罪。

5. 简述签名要满足的条件。

6. 简述黑客的含义。

7. 简述病毒分类。

8. 简述病毒与恶意软件的预防措施。

9. 简述我国信息安全标准体系。

10. 简述国际信息安全标准化组织有哪些。

参考文献

[1] 肖朝晖，洪雄，傅由甲. 多媒体技术基础，北京：清华大学出版社，2013.

[2] 高志坚. 多媒体技术及其应用. 上海：同济大学出版社，2009.

[3] 梁越. 多媒体技术应用教程. 北京：清华大学出版社，2012.

[4] 龚沛曾. 多媒体技术及应用. 北京：高等教育出版社，2009.

[5] 钟玉琢. 多媒体技术基础及应用. 北京：清华大学出版社，2012.

[6] 林福宗. 多媒体技术基础. 北京：清华大学出版社，2009.

[7] 韩立华. 多媒体技术应用基础. 北京：清华大学出版社，2012.

[8] 任正云. 多媒体计算机技术. 北京：中国水利水电出版社，2009.